软岩与水相互作用及吸水软化效应

张娜　王帅栋　任禹鑫　著

中国建筑工业出版社

图书在版编目（CIP）数据

软岩与水相互作用及吸水软化效应／张娜，王帅栋，任禹鑫著. —北京：中国建筑工业出版社，2023.2
ISBN 978-7-112-28266-1

Ⅰ.①软… Ⅱ.①张…②王…③任… Ⅲ.①软岩层-研究 Ⅳ.①P539.4

中国版本图书馆 CIP 数据核字（2022）第 240597 号

　　水岩相互作用引发的工程问题是岩土工程中的常见问题，诸如大坝工程、石油水压致裂、石质文物的风化与腐蚀、地下工程软岩遇水的大变形等。近年来，地下水环境污染修复，废物地质处置等水岩作用问题也引起国内外专家学者高度重视。因此，无论从安全稳定生产的角度出发，还是从环境保护的角度出发，均迫切需要对岩石与水的相互作用特性深入研究。

　　本书在分析软岩的概念、基本力学属性、成分、膨胀矿物及其特征、膨胀性软岩赋存特点基础上，对水-岩的力学作用、物理作用、化学作用进行了分析研究，同时还研究了软岩吸水特性、软岩吸水特性影响因素、软岩吸水损伤特征和软岩吸水失稳机理。本书共分为 5 章，主要内容包括：绪论、软岩的概念及分类、水岩相互作用分类、软岩的吸水特性及影响因素、软岩的吸水软化效应及作用机制。

　　本书可作为土木工程、水利工程、矿业工程、石油工程、地质工程等专业本科生、研究生教材，也供岩土工程界及相近领域的科研、技术人员参考。

　　责任编辑：刘颖超　李静伟
　　责任校对：李辰馨

软岩与水相互作用及吸水软化效应
张娜　王帅栋　任禹鑫　著

*

中国建筑工业出版社出版、发行（北京海淀三里河路 9 号）
各地新华书店、建筑书店经销
北京科地亚盟排版公司制版
建工社（河北）印刷有限公司印刷

*

开本：880 毫米×1230 毫米　1/32　印张：6½　字数：185 千字
2023 年 4 月第一版　　2023 年 4 月第一次印刷
定价：**36.00** 元
ISBN 978-7-112-28266-1
（40279）

前　　言

　　水岩相互作用是指水（地表水、地下水、雪水）和岩土体不断地进行着物理作用、力学作用、化学作用，并对岩土介质状态产生影响的过程。水是诱发各种地质灾害最活跃的因素，也是地质灾害演化过程中各种地质作用的重要载体。而水作为强大的地质营力，参与了各种地质作用和生态-环境过程。如风化、岩溶、成岩、成矿、岩浆、地震、火山等作用以及各类地质构造的发生与发展过程中都有水的参与。软岩的定义可区分为地质软岩和工程软岩。地质软岩是指强度较低的一类松散、破碎、软弱及风化膨胀性的岩体总称。何满潮等纠正了地质软岩定义的缺陷，提出了工程软岩的概念，即在工程力作用下能产生显著塑性变形的工程岩体。深部软岩在天然状态下比较完整、坚硬，其力学性能较好，但与水发生接触后软岩迅速发生膨胀、崩解和软化，从而造成了岩体力学性质的大幅度降低，岩体损伤比较明显。深部开采中岩石力学问题广受关注，而深部软弱围岩遇水强度软化问题亦成为研究热点问题。基于以上，国内外很多学者在有关岩石水理作用的测试、吸水后物理化学性能的变化和力学性能的改变等方面进行了大量研究。

　　本书涵盖了作者及深部岩土力学与地下工程国家重点实验室（北京）多年来在深部软岩与水相互作用研究领域的研究成果，同时反映了岩土工程水岩相互作用的研究发展趋势。在深部国重实验室（北京）主任何满潮院士的指导下，作者及团队从 2010 年开始对深部软岩与水相互作用进行研究。先后参与了实验室深部软岩水理作用智能测试系统、软岩吸附气体系统等试验仪器的设计与开发。本书以室内试验为基础，研究了软岩与水相互作用及吸水软化效应。全书共分为 5 章，主要内容包括：绪论、软岩的概念及分类、水岩相互作用分类、软岩的吸水特性及影响因素、软岩的吸水软化效应及作用机制。

在此特别感谢中国矿业大学（北京）深部岩土力学与地下工程国家重点实验室主任何满潮院士及各位老师对本书的指导与支持。对参与指导本书编写和校阅的各位专家学者及本书中所引用文献的作者表示由衷感谢。感谢国家自然科学青年基金项目：深部泥页岩吸水特征及吸水软化动态过程微观机理研究（41502264）；深部岩土力学与地下工程国家重点实验室（北京）创新基金项目：滇西昌宁软岩隧道围岩吸水强度劣化特征及机理研究（SKLGDUEK202218）对本书的资助。另外也感谢参与本书校阅、补充和整理的我的学生们。

由于作者水平有限，书中的谬误和不当之处难以避免，敬请各位读者批评指正。

目　　录

第1章

绪　论

1.1　研究背景及意义

水岩相互作用（Water-Rock Interaction）是指水（地表水、地下水、雪水）和岩土体不断地进行着物理作用、力学作用、化学作用，并对岩土介质状态产生影响的过程。软岩的定义可区分为地质软岩和工程软岩。地质软岩是指强度较低的一类松散、破碎、软弱及风化膨胀性的岩体总称。何满潮等纠正了地质软岩定义的缺陷，提出了工程软岩的概念，即在工程力作用下能产生显著塑性变形的工程岩体。而水作为强大的地质营力，参与了各种地质作用和生态-环境过程。如风化、岩溶、成岩、成矿、岩浆、地震、火山等作用以及各类地质构造的发生与发展过程中都有水的参与。

当岩体开挖工程进入深部以后，深部岩体地质力学的特点决定了深部开采与浅部开采的明显区别在于深部岩石所处的特殊环境，即高地应力、高水压、高地温和工程扰动的影响，导致深部岩体工程灾害频频发生，如岩爆、巷道及采场大面积冒顶、垮塌等，其表现形式和频度均与浅部开采具有明显差别。尤为值得注意的是，水是诱发各种地质灾害最活跃的因素，也是地质灾害演化过程中各种地质作用的重要载体。深部软岩在天然状态下比较完整、坚硬，其力学性能较好，但与水发生接触后软岩迅速发生

1

膨胀、崩解和软化，从而造成了岩体力学性质的大幅度降低，岩体损伤比较明显，导致了巷道发生大变形和塌方等一系列工程问题，水对岩石的作用及其对深部开采工程中巷道维护的影响十分突出。

我国煤炭资源十分丰富，煤炭产量位居世界首位。一直以来，经济发展对煤炭资源的旺盛需求，促使了煤炭资源的不断开采。由于长期开采，浅部资源日益枯竭，致使煤矿开采深度越来越大。在我国，埋深在 1000m 以下的煤炭储量约为 2.95 万亿 t，占煤炭资源总量的 52.7%，因此深部煤炭资源开采具有广阔的发展前景。我国东部较多矿井正以每 10 年 100~250m 的速度向深部发展，尤其是近几年，已有大量矿井进入千米以下的深部开采阶段。预计在未来 20 年，我国将有更多煤矿进入 1000~1500m 范围内的开采深度。伴随着深部开采的不断进行，出现了比浅部工程更为严重的工程灾害，如巷道变形剧烈、采场失稳加剧、瓦斯高度聚积、诱发突水事故发生的概率增大以及突水事故趋于严重、岩爆与冲击地压剧增等，这不仅严重影响了生产以及国民经济的发展，而且更对从事相关作业人员的生命造成了极大的威胁与伤害。

软岩吸水导致大变形的工程问题十分常见。深井软岩巷道开挖后，巷道围岩与水接触后产生的强度软化效应较为突出，围岩变形量均显著增大，大变形特征更加明显，例如巷道冒顶、底鼓和侧胀等现象。因此，开展对深部软岩物理、化学性质和力学特性的研究，对深部开采工程支护设计、施工与安全生产具有十分重要的意义。岩体在水和高应力、高地温的条件下发生的物理、化学和力学的作用过程是导致岩石发生变形破坏的根本原因。因此，岩石与水相互作用的研究更是引起了广大学者的重视。为了对水与岩体的相互作用过程进行更好和更合理地描述，国内外很多学者在水-岩相互作用方面进行了大量的试验和理论方面的研究工作。通过在室内对不同含水状态下的岩石分别进行单轴压缩、单轴剪切及三轴压缩试验，发现随着岩石饱和度的增加，各项力学性能指标均有不同程度的降低，特别是黏土类岩石中所含的膨胀性黏土矿物使其具有较强的吸水和膨胀能力，使得岩石强度大幅度降低。因此，研究岩石的吸水特性及吸水后岩石的强度软化规律，对于研究深井软岩巷道变形力学机制与确定支护方案具有重要的意义。由于软岩水理特性关系到深部开采工程中巷道的安全与稳定，因此，为了保证地下工程的安全与稳定，对岩石的吸水规律以及岩石吸水后的强度衰减规律进行深入研究显得尤为重要。

1.2 国内外研究现状

深部开采中岩石力学问题广受关注，而深部软弱围岩遇水强度软化问题亦成为研究热点问题。国内外很多学者在有关岩石水理作用的测试、吸水后物理化学性能的变化和力学性能的改变等方面进行了大量研究。

1.2.1 岩石吸水性测试方法

国内外采用的较为普遍的岩石吸水性测试方法有表面吸水法和块体吸水法。岩石表面吸水法较多采用卡斯滕量瓶法进行岩石表面吸水渗透能力的测试，这种测试方法主要用在古建筑与文物的石质风化及其防护效果的测试。许淳淳等曾采用卡斯滕量瓶法，通过对北京故宫提供的汉白玉表面涂覆不同的防护材料进行各种防护材料的透水性能测试。S. O. Nwaubani 等采用卡斯滕量瓶法对 3 个古建筑石材表面进行防护处理前后的水渗透性测试，进而考察其防护处理效果。

对于岩石块体的吸水性测试方法有三种：自由浸水法，煮沸法和真空抽气法。依据国家标准《工程岩体试验方法标准》GB/T 50266—2013，对于遇水不会发生崩解的岩石，岩石吸水率的测试采用自由浸水法测，岩石饱和吸水率的测试则采用煮沸法或者真空抽气法测定。自由浸水法的测试步骤是首先将岩石试件放入水槽，注水至岩样高度的 1/4 处，然后每隔 2h 分别注水至岩样高度的 1/2 和 3/4 处，6h 后将岩石试件浸没。当岩石试件在水中自由浸泡 48h 后取出，沾去试样表面的水分后进行称量，以此计算出岩块的吸水率（%）。煮沸法则是将岩样放入加热容器中，使水面始终高于岩石试件，其中煮沸时间不少于 6h，煮沸后将岩样放在原加热容器中冷却至室温，然后取出岩石试件，沾去其表面的水分后进行称量。真空抽气法通过将岩石样品放入饱和容器内，其中饱和容器内的水面应始终高于试件，然后在 100kPa 的真空压力下真空 4h 以上，直至无气泡逸出，将经真空抽气完成后的试件放在原先的容器中，并在大气压力下静置 4h 后取出，沾去岩石样品表面水分后再进行称量。

在国内外水理特性研究中，有关吸水率、饱和吸水率以及吸水后产生的力学与化学效应、岩石吸水后微观结构形态的变化等研究中所采用的吸水试验方法多为浸泡法。J. Hadizadeh、Alice Post 等将砂岩浸泡在水中，观察岩石的微观结构及弱化时效问题；R. Risnes 等将石灰岩分别用乙二醇和不同浓度盐水浸泡，从微观角度分析岩石弱化机理。杨春和等将板岩浸泡在水中，周翠英等[40]将泥质粉砂岩浸泡在水中，汤连生等将花岗岩和砂岩分别在纯净水、酸性水溶液以及碱性水溶液中浸泡，然后对浸泡后的岩石样品展开研究。

上述岩石吸水性测试方法中，岩石表面吸水测试采用的是卡斯腾量瓶法，由于其容水量小，故只适用于对材料的浅表面进行短时间内的吸水性和渗透能力的测试；而浸泡吸水法、煮沸吸水法和真空抽气吸水法则适用于对岩芯或者岩块进行吸水测试。

深部围岩巷道经开挖后，围岩随应力状态的改变岩体裂缝增多进而增加了吸水概率，并且随着吸水时间的增长，围岩变形加剧，因此吸水时间亦成为考察围岩变形的重要参数。而工程软岩巷道开挖后，裂隙水使得巷道围岩处于单面触水状态，并且在岩样的吸水端面上方有 1.5m 左右的水头压力；同时，潮湿环境和工程用水又使巷道底板、两帮等与水产生某一端面的直接接触，但又与浸泡不同，该种接触方式的特点是水面与围岩呈接触又似不接触状态，即接触界面处在无任何水压下，在岩石表面吸附力的作用下发生的围岩吸水过程。可见，上述 4 种吸水测试方法均不适用于深部围岩体原位表面吸水过程测试。基于深井软岩巷道围岩的吸水特点，为将室内试验更好地符合深部开采工程的实际情况，何满潮于 2008 年构思和设计了"深部软岩水理作用测试仪"，该测试装置从岩石块体的尺度上模拟深部软岩巷道围岩在有一定水头压作用下和无水头压作用下的单面吸水过程，分别称之为"有压吸水试验"和"无压吸水试验"，可以揭示深井软岩巷道围岩在单面触水状态下的岩石吸水量与吸水时间的依赖关系，进而揭示深部软岩巷道围岩的强度软化规律，对于探讨深井软岩巷道开挖后发生大变形的机理以及软岩工程的稳定性控制等具有重要的参考价值。

1.2.2　水岩相互作用

1925 年太沙基首先对水岩作用开展了相关研究，基于多孔连续介质静力学原理提出了有效应力原理。20 世纪 50 年代苏联水文地球化学学科的奠基人之一奥夫琴尼科夫提出水岩相互作用（Water-Rock Interaction，简称 WRI）这一术语，但是直到 20 世纪 70 年代该领域的研究才正式开始。水岩相互作用研究有两个主要分支，如图 1.1 所示：一支侧重水化学，探讨地球中水的起源、水质时空分布规律及其影响因素、地球中水的地球化学演化，分析不同条件下 WRI 的地球化学特征、过程动力学及其地质效应（如成岩、成矿、成油）、环境效应（加剧或减轻污染）等；另一支侧重水动力学，研究地质环境中水动力场与地应力场相互作用的时空分布规律、类型、规模及其环境效应，如岩土体稳定性、地质灾害的发生等。

水岩相互作用（岩石水理作用），一般是指水溶液与岩石或者岩体之间的相互反应，对于岩石力学来说，则是指水溶液与岩石（体）在岩石固相线下的温度、压力范围内进行的所有化学反应和物理、化学作用。水岩化学作用不仅使化学元素在岩石和水之间进行重新分配，而且使岩石细微观结构发生改变，这两者的变化直接导致了岩石力学性质的改变。

水岩相互作用研究是岩土工程领域的前沿课题之一。国内外学者在水与岩体之间的相互作用机理及其物理力学效应方面展开了大量有价值的研究工作。目前关注的焦点问题有：液体对岩石物理力学性质的影响；通过分析浸泡岩石样品后液体化学成分的改变，研究经浸泡后的岩石成分变化以及岩石吸水率随时间变化等方面的问题；通过对不同溶液浸泡后的岩石样品进行电镜扫描试验与 CT 试验，观察和研究岩石吸水后微观结构的变化等。上述研究中所采用的吸水方法均为岩块或岩芯自然浸泡吸水法。

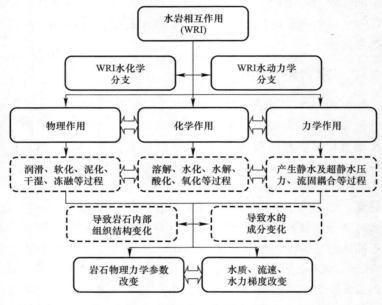

图 1.1　水岩相互作用示意图

1. 吸水率和吸水时间的动态变化关系

岩石的吸水率具有时间依赖性，即岩石（体）吸水率随其吸水时间的增长而增大。冒海军采用自然浸泡法对板岩进行吸水试验，研究了板岩吸水率随时间的动态变化特征，通过对浸泡 9d 后的板岩进行分析得出：板岩吸水率随时间增长而增大，其吸水率随时间的动态变化曲线呈负指数函数关系。何满潮采用自主研制的深部软岩水理作用测试仪对深井泥岩进行了一定水头压力下的单面触水状态下的吸水试验，即"有压吸水试验"，建立了深井泥岩的吸水过程函数，并结合 SEM 与 X-Ray 衍射分析等测试手段，分析了影响深井泥岩吸水特性的主要因素，认为泥岩在吸水过程中，吸水量随时间变化的动态关系曲线可用分段函数表示，即减速吸水阶段的负指数函数和等速吸水阶段的线性函数；深井泥岩吸水特征曲线在双对数坐标中，呈上凸形、下凹形和直线形三种。周莉等对鹤岗南山矿深部和浅部砂岩进行了吸水试验，并通过对吸水前和吸水后的试样进行 X 射线衍射、电镜扫描试验以及压汞测试等，分析了影响砂岩吸水特性的主要因素。结果表明：孔隙率的大小、矿物的含量与种类以及黏土矿物的产状等，均能影响泥岩的吸水量、吸水速率以及其吸水特征曲线线形。Ibrahim Cobanoglu 等针对岩芯大小和吸水持续时间对岩石和水泥砂浆试样吸水量的影响进行了分析与研究。

2. 经溶液浸泡后的岩石微观结构形态变化

周莉对深部软岩吸水前后的微观结构进行了对比与分析，研究结果表明：软岩与水作用后，岩石微观结构发生了较大变化，即岩石结构变得多孔疏松，孔隙率有所增加。王桂莲通过 SEM 试验、Image pro plus 图像处理软件以及 MATLAB 计算软件，对吸水前和吸水后岩石样品的面孔隙率和孔隙的孔径分布情况进行了统计与分析，结果表明：充填在粒间孔隙的小颗粒和胶结物等会因为水流的运移而溶解、破碎和迁移，使主要流体运移通道扩大，连通性变好，从而导致吸水后的岩石孔径变大，并且认为孔隙大小分布的变化和孔隙分形特征对岩石吸水过程中的吸水动态变化特征具有较大影响，孔隙分形维数较大的岩石样品对应的吸水曲线线形通常会有明显转折，多呈上凸形或下凹形。

大量的试验研究表明：经某种溶液浸泡后的岩石，其结构变得多孔疏松，孔隙率增大。T. Heggheim 等将灰岩在乙二醇、海水以及不同浓度盐水中浸泡后，观察其微观结构特征形态的变化，分析结果表明：水中的离子与灰岩发生化学反应后使组成岩石的矿物在成分和结构上均发生了变化。杨春和等采用水溶液浸泡板岩，研究了板岩组成矿物颗粒及颗粒间的胶结物在岩石内部及岩石层理面的变化，研究认为：由于水不易进入岩石内部，导致了颗粒及胶结物形态并没有发生变化，并且在层理面附近，矿物颗粒也没有发生太大变化；但经浸泡后板岩在其层理面附近的颗粒胶结方式及颗粒间的紧密程度却发生了变化；泡水后颗粒体积的膨胀致使岩石结构趋于松散，孔隙率增大。周翠英等采用电镜扫描试验手段对东深供水改造工程中的泥岩、炭质泥岩以及红色砂岩分别进行了不同吸水时间后的微观结构分析，结果表明：岩石在吸水过程中，大孔隙之间的连通性变好，孔隙大小分布趋向均匀，孔隙微结构趋向疏松，无论大孔隙还是小孔隙，其形状均由不规则的多边形变得趋向于浑圆，组成矿物颗粒之间的连接也趋向松散，由原来紧密的边-面和面-面连接转变成边-边和边-角连接，总体微观结构变得多孔疏松，孔隙率增大。乔丽苹等从 CT 扫描图像中观察到经不同浓度、不同 pH 值的水溶液浸泡 180d 后的砂岩，其组成矿物颗粒已被溶蚀，次生孔隙率的变化与时间有关，即孔隙率会随着岩石浸泡时间增加而增大，从微细观层次分析了砂岩的水物理化学损伤机制，并在此基础上提出并建立了基于次生孔隙率变化的砂岩水物理化学损伤变量表达式。吴恩江等利用 EDX 能谱分析并结合压汞试验等试验方法与手段，建立了关于岩石孔隙演化的模式。

3. 不同含水状态下的岩石强度软化效应

国内外的一些学者通过对具有不同含水率的岩石分别进行单轴压缩、三轴压缩及单轴剪切试验来测定不同含水状态下的岩石各项强度指标，试验结果表明：随着岩石含水率的增加，各项岩石强度指标均发生了不同程度的降低。原因是岩石吸水后，岩石的组成矿物颗粒成分、颗粒的形态以及颗粒间的胶结物成分、胶结方式、孔隙分布和毛细管压力效应等均会发生不同程度的变化，造成了岩石或岩体结构面的弱化，致使岩石力学各项性能指标有所降低。

J. Hadizadeh 曾引进有效应力概念分别对饱和含水岩石在排水和不排水两种不同的情况下对岩石变形特性的影响进行分析，发现岩石的泊松比和弹性模量均随岩石含水率的增大而增大。谢和平等利用软化系数来描述岩石强度的变化，建立了与含水率有关的本构模型，认为岩石强度与含水率之间存在线性关系。冒海军通过对不同泡水时间后的板岩进行单轴与三轴压缩试验，发现随着岩石相对吸水率的提高，板岩的三轴抗压强度逐渐减小。岩石强度与吸水率呈负线性相关，弹性模量与泊松比随吸水率的提高而增大。姜永东等通过对饱和、自然、风干三种状态下的砂岩分别进行单轴与三轴抗压试验，分析了影响岩石强度变化的主要影响因素，试验结果表明：饱和状态下的岩石强度最低，风干状态下的岩石强度最高，即含水率越大，强度越小。朱珍德等通过对18 层泥板岩进行不同吸水率状态下的单轴压缩试验结果表明：泥板岩的抗压强度的弱化不仅与其吸水率密切相关，而且还与吸水时间有关。周翠英等对华南地区泥岩、黑色炭质泥岩及红色砂岩进行了不同饱水状态下单轴抗压强度、劈裂抗拉强度和抗剪强度试验，试验结果表明：当岩石与水发生作用后，关于岩石各种强度指标的定量表征关系的变化曲线一般服从指数函数关系，各项力学强度指标随着饱水时间的增长而不断降低，但最终趋向稳定，不再发生太大的变化。曾云通过对盘道岭隧道采集的泥岩和砂岩等软岩样品进行三轴抗压强度试验，发现随着岩石中所含粉黏粒成分的增大和含水率的增大，岩石更易被软化，强度降低明显，变形量呈增大趋势；岩石含水率增大后，岩石变形时的塑性区扩大，屈服点和峰值点之间的距离增大，反映出岩石浸水软化效应，并采用次应变系数 K_r 来对岩样的软化程度进行评估。

4. 水岩力学作用

水对岩石的力学作用主要是指通过孔隙静水压力和孔隙动水压力及托浮力等作用来影响其力学性质。这类研究主要包含两方面，一方面是岩土体上的应力场影响其渗流场，即在岩土体上施加应力场，改变岩土体的颗粒排列孔隙结构，引起地下水的运移通道改变，进而对岩土体的水力特性产生影响，最终使岩土体的渗流场改变；另一方面，岩土体中的渗流场通过施加岩土体面力和体力反过来影响岩土体中的应力场。C. Louis 等通过对某坝址进行钻孔抽水试验，得到正应力与岩土体渗透系数的经验关系式，基于此，有关渗流场与裂隙岩体应力场关系的研究不断开展。

M. Oda 根据裂隙几何张量建立了岩体渗流与变形之间的关系。
J. Noorishad 在研究岩土体渗流场的时候，提出了需要充分考虑岩
土体应力场的影响。R. Olsson 和 H. S. Lee 分别进行了岩石单剪条
件下的渗透性试验研究，结果表明渗透系数在初始剪切阶段变化
很小，随着剪应力达到峰值和剪胀现象的开始，渗透系数显著增
大。Bai，Liu 分别从应力-渗流和应变-渗流的角度，推导了裂隙岩
体在复杂应力条件下的渗流特性公式。

在水岩力学作用方面，我国学者也做了大量的工作。仵彦卿
提出了岩体渗流场与应力场耦合一系列模型，如连续介质模型、
集中参数模型、等效连续介质模型、裂隙网络模型以及双重介质
模型。速宝玉、王媛等推导出贯通裂隙的水力隙宽和应力呈负指
数关系的公式。陈祖安通过砂岩渗透率的静压力试验，拟合岩体
渗透系数与压力的关系方程；刘继山、周创兵等学者通过大量的
研究工作，根据已有的经验公式以及等效力隙宽与力学隙宽之间
的关系建立渗透-应力关系。随后，许多学者建立了在岩石全应力
应变过程的渗流耦合试验基础上的渗流随损伤演化关系模型，较
真实完整地反映了渗透性随应力及损伤演化的规律。夏才初对裂
隙岩体剪切变形与渗流耦合进行了试验研究，详细解释了在不同
压应力作用下岩体裂隙面剪缩和剪胀的原因。部分研究人员也开
展了渗透压力对岩体的作用及渗流场与应力耦合的研究。殷有泉
和郑顾团探讨了渗透压作用下的破碎带，建立了渗透压作用下均
匀介质围岩稳定的尖角突变模型。周创兵等建立了半圆形凸起模
型，依据此模型分析了裂隙岩体渗流与应力耦合规律。张玉卓等
通过试验研究了裂隙岩体渗流与应力的耦合，提出渗流量与应力
呈四方关系或非整数关系。赵阳升等从理论上推导了渗流特征与
三维应力之间的关系。仵彦卿等进行了三维渗流场与应力场的耦
合分析。赵延林，曹平等研究了渗透压作用下压剪岩石裂纹扩展
规律，探讨了裂纹扩展损伤断裂机制，提出了渗透压作用下压剪
岩体的破坏准则。黄润秋等进行了高渗透压下的水岩相互作用试
验，得到了与常温、常压条件下测试类似的结果。沈荣喜等通过
试验得到了渗透压作用下碳质页岩的三轴流变规律，根据试验结

果构建了一个与试验结果适应的六元件流变模型。阎岩等进行了渗透压作用下的岩石流变试验研究。申林方等通过试验，研究了裂隙岩体在应力-渗流-化学耦合作用下的岩石化学反应、软化与蠕变特征。

5. 水岩物理作用

对于水环境下的岩体强度软化现象的研究，国外学者开展得较早，积累了许多资料，取得了较为丰硕的成果。早在 1946 年，L. Obert 等研究了含水率对岩石强度的影响，发现干燥砂岩的抗压强度与风干状态相比，其单轴抗压强度要高约 $1\% \sim 18\%$，饱和砂岩抗压强度与风干状态相比要低约 $10\% \sim 20\%$。N. J. Price、P. S. B. Colback、J. Feda、M. D. Rui 等分别对不同地域的砂岩、泥岩、页岩、玄武岩、石灰岩开展了含水率与岩石强度关系的试验研究，结果表明，随着含水率的增加，砂岩和页岩的抗压强度有大幅下降，并且得到随着含水率的增加抗压强度下降的曲线，几种岩石的饱和强度大约只有干燥强度的 50%。Colback 和 Wiid 等研究了水岩软化作用对不同类型岩石力学特性的影响，发现水岩软化作用对岩石的抗压强度和弹性模量等力学参数影响较大。Zhao 研究了含水率对岩石峰值强度和变形的影响，发现饱水后岩样的峰值强度和弹性模量的影响分别减小了 $37\% \sim 58\%$ 和 $15.7\% \sim 21\%$。Wong 分析了水对岩石宏观力学和刚度的影响。M. N. BAGDE 研究了不同频率和振幅的干燥和饱和砂岩试样的单轴压缩试验，发现砂岩在饱和状态下的疲劳强度和杨氏模量劣化趋势明显。

在国内研究方面，耿乃光等针对结构面中泥质充填物的物理性质与含水率之间的关系进行了试验研究，结果显示，随着含水率的增加，其韧度逐渐增大，杨氏模量、黏滞系数、抗压强度呈现明显降低。许东俊等通过现场大尺度剪切试验对黏土断层泥在含水情况下的抗剪特性进行了研究。陈钢林等对岩石饱水与自然状态进行了试验研究，得出饱水砂岩弹性模量减小至自然状态时的 33.3%，单轴抗压强度减小至自然状态的 20.2%；饱水花岗闪长岩弹性模量减小至自然状态时的 77.4%，单轴抗压强度减小至自然状态时的 64.4%。张慧梅等对饱和红砂岩进行开放系统下的冻融循环试验，对经历不同冻融循环次数之后的岩样分别进行 4 种设定围压下的力学特性试验，分析了冻融循环和围压对岩石物理力学性质的影响规律。傅晏等以三峡库区某边坡的中风化砂岩为研究对象，分别对不同干湿循环次数作用下"干燥"和"饱和"状态的砂岩进行全断面 CT 扫描试验、巴西劈裂试验、单轴和三轴压缩试验。试验发现在相同干湿循环次数 n 下，"干燥"状态下砂岩的宏细观力学参数大于"饱和"状态下的参数，砂岩单轴抗压强度、弹性模量、抗拉强度、黏聚力、内摩擦角随 n 的增加呈对数下降，泊松比随 n 的增加而增大。唐江涛等对采自高寒地区的砂岩、花岗岩、千枚岩进行了不同次数的冻融循环试验，试验结果表明随着冻融时间的延长，岩石的力学性质逐渐下降，岩石内部的矿物成分也发生了变化，由此为寒区修建工程提供了一定的理论依据。

6. 由水岩化学作用引起的岩石损伤

地质环境中的活跃因素是地下水，它是一种成分复杂的化学溶液，即使是纯水，其与岩体相互作用，除物理作用外，还有更为复杂的水岩化学作用。水岩化学作用对岩石（体）的力学效应比单纯的物理作用会产生更大的影响。

近几十年来，针对水岩化学作用的问题许多学者做了大量的研究工作，主要集中在岩石力学性质在水化学溶液腐蚀劣化过程及规律的试验研究方面。Atkinson 和 Dunning 分别进行了各种水溶液对玻璃和单晶石英开裂的影响研究，结果显示单晶石英材质在水的作用下开裂较大，同时岩石的摩擦性质受到水化学作用较大影响。P. A. Rebinder 等探讨了岩石力学特性在化学环境下的弱化规律，对几种不同化学药剂的作用及影响机制进行了分析比较，结合 Griffith 强度理论对岩石在水化学作用下裂纹扩展等进行了解释。M. G. Karfakis 和 M. Askram 研究岩石在化学溶液作用下其断裂韧性的变化规律。L. J. Feucht 等对含预制裂纹的砂岩在饱水状态及不同化学溶液作用下的试件进行了三轴压缩试验，研究了砂岩在水化学作用下对其强度的影响规律，探讨了含裂纹面砂岩的摩擦系数及强度在不同溶液作用下的劣化程度。A. Hutchinson 和

J. B. Johnson 对石灰石在酸雨腐蚀作用后的力学性质进行了研究，采用 HCl，H_2SO_4 等溶液模拟酸雨，得到了其力学性质变化规律。T. Heggheim 等对石灰石采用海水浸泡试验，分析了石灰石的力学特性在海水作用下的弱化规律。此外，对于矿物沉积和溶解作用对岩石节理表面的渗透性影响的研究，一些学者也做了大量探索性的试验工作。Polak、Yasuhara 和 Jishan Liu 等研究了裂隙的开度与粗糙面之间的关系，并建立了岩土体颗粒的沉淀、溶解、扩散的速率与应力、裂隙的几何参数以及流体性质之间的数学表达式。

国内有关研究者亦提出应该重视水岩的化学作用和应力腐蚀过程的研究。陈钢林、孙钧、常春等曾对含水岩石的强度、变形特性以及水对岩石弹性模量的影响进行了试验研究，已取得的初步成果表明水对岩石的力学效应与水岩化学作用密切相关，岩石强度软化与水-岩化学反应强度呈正比。周翠英等主要进行了软岩与水相互作用方面的研究，指出水岩相互作用的焦点应着眼于特殊软岩水相互作用的基本规律，应重视水岩相互作用的矿物损伤和化学损伤所导致的力学损伤及变异性规律研究，提出要建立岩土工程化学分支学科。

冯夏庭、陈四利等对不同化学溶液作用后花岗岩、砂岩和灰岩进行了较为系统的试验研究及细观力学分析，通过 CT 和显微镜等细观手段获得了化学溶液侵蚀后岩石的动态破裂特征及演化规律，探讨了离子浓度和化学溶液对岩石宏细观力学特性的影响。丁梧秀等基于孔隙度演化的损伤变量建立了化学腐蚀作用下砂岩的损伤演化本构模型，并结合自研的应力-水流-化学耦合的全过程细观力学加载系统，进行了有关细观力学研究。汤连生等较为系统地研究了水岩相互作用下的岩石强度劣化与环境腐蚀效应，开展了不同化学溶液腐蚀下不同强度的岩石时效性研究，探讨了水化学作用下岩石力学损伤和化学损伤的机理及定量化研究方法。谭卓英等进行了酸性条件下岩石强度弱化效应的试验模拟研究，分析了岩石单轴抗压强度、巴西劈裂抗拉强度和表面肖氏硬度的损伤对酸的敏感性和损伤机理。李宁等研究了钙质砂岩主要胶结物在酸性环境作用下的变化规律，采用化学反应速率表征岩石腐蚀的快慢程度，建立了相应的化学损伤模型。姜立春等通过水溶液对砂岩的腐蚀研究，利用 Weibull 函数分析了岩石微元体的强度分布特征，并导出单轴压缩下砂岩的损伤本构关系。

1.3　研究内容及研究方法

1.3.1　研究内容

深部巷道软弱围岩的力学行为具有明显的非线性大变形特征，巷道围岩暴露后，由于围岩所处环境的改变，造成围岩内部结构面或者裂隙面的扩展和张开，使围岩周围的水文地质条件发生变化，导致岩石吸水可能性增大并且以多种形式进行吸水。

水岩相互作用主要包括：力学作用、水岩物理作用及水岩化学作用。其中，力学作用主要是指通过孔隙静水压力和孔隙动水压力作用来影响其力学性质；水岩物理作用主要是指水通过对岩石软化、泥化、润滑、干湿和冻融等过程，从而改变岩石的物理力学性质，使岩石固有的力学特性劣化；水岩化学作用则包括溶蚀作用、离子交换、水化作用和水解作用等，它们改变了岩体的成分与结构，从而影响岩体的力学性能。

软岩吸水主要包括三种形式：第一种是由于裂隙水的存在造成软岩巷道围岩在具有一定水头高度（约 1.5m）的水源作用下的吸水，即"有压吸水"；第二种是由于潮湿环境和工程用水造成巷道围岩与水环境直接接触，但水与围岩接触面之间无任何的水压力下的吸水过程，即"无压吸水"；第三种是巷道围岩与悬浮在空气中的气态水接触，即"气态水吸附"。

本书利用室内试验模拟干湿循环、冻融循环、水岩化学作用等常见的水岩相互作用，并对试验过程中软岩的孔隙结构及力学性能变化进行了研究分析，从宏观及微观角度揭示了水岩相互作用的作用机理。此外，本书从研究软岩与水相互作用特性角度出发，对深部软岩在不同初始状态下的吸水试验进行室内试验研究，结合岩石吸水前后的微观结构变化特征，分析岩石与水作用后引起的化学成分和微观结构的变化特征。利用 XRD、SEM、MIP、NMR 等试验获取软岩的矿物组成、孔隙结构及微观形貌特征，并对吸水影响因素进行分析。

1.3.2　研究方法

本书以试验研究为基础，综合分析前人研究资料的同时，以软岩概念为基础，以软岩的工程地质特征为切入点，采用宏观力学参数试验、微观显示技术手段、模型试验及数值模拟手段结合理论分析方法，通过分析软岩与水的力学作用、物理作用、化学作用研究水岩相互作用时岩石损伤劣化机理、演化规律和影响岩石损伤的主要因素。此外，软岩吸水之后的变形失稳是许多软岩工程破坏的根本原因，利用吸水试验装置结合分形几何理论，对软岩吸水特性的影响因素进行研究，全面系统地探求和建立软岩与水相互作用研究的方法。

参 考 文 献

[1]　周平根. 地下水与岩土介质相互作用的工程地质力学研究 [J]. 地学前缘，1996 (2)：176.
[2]　何满潮，景海河，孙晓明. 软岩工程地质力学研究进展 [J]. 工程地质学报，2000 (1)：46-62.
[3]　沈照理，王焰新，郭华明. 水-岩相互作用研究的机遇与挑战 [J]. 地球科学（中国地质大学学报），2012，37 (2)：207-219.
[4]　何满潮，等. 深部开采岩体力学研究 [J]. 岩石力学与工程学报，2005，24 (16)：2803-2813.
[5]　HE M C. Rock Mechanics and Hazard Control in Deep Mining Engineering in China [C] //ISRM International Symposium. 4th Asian Rock Mechanics Symposium. Rock Mechanics in Underground Construction，24-46. Singapore，2006. World Scientific Publishing Co. Pte. Ltd. NEW JERSEY. LONDON. SINGAPORE.
[6]　CICHOWICZ A，MILLEV A M，DURRHEIM R J. Rock Mass Behavior Under Seismic Loading In A Deep Mine Environment Implications For

Slope Support [C]. March/April，2000：245-249.

[7] 汤连生，王思敬. 水-岩化学作用对岩体变形破坏力学效应研究进展 [J]. 地球科学进展，1999，14（5）：433-439.

[8] 刘长武，陆士良. 泥岩遇水崩解软化机理的研究 [J]. 岩土力学，2000，21（1）：28-30.

[9] 何满潮. 深部开采工程岩石力学的现状及其展望 [C]//第八次全国岩石力学与工程学术大会论文集. 北京：科学出版社，2004.

[10] 谢和平. 深部高应力下的资源开采——现状、基础科学问题与展望 [C]//科学前沿与未来（第六集）. 北京：中国环境科学出版社，2002，179-191.

[11] KIDYBINSKI A，DUBINSKI J. Strata Control in Deep Mines. Rotterdam：A. A Balkema，1990：1-3.

[12] 何满潮，郭宏云，陈新，等. 基于和分解有限变形力学理论的深部软岩巷道开挖大变形数值模拟分析 [J]. 岩石力学与工程学报，2010，29（S2）：4050-4055.

[13] GUO H Y，CHEN X，HE M C，et al. Frictional contact algorithm study on the numerical simulation of large deformations in deep soft rock tunnels [J]. Mining Science & Technology，2010，20（4）：524-529.

[14] 陈新，郭宏云，何满潮，等. 深部高应力巷道的非对称大变形 [J]. 黑龙江科技学院学报，2007，17（6）：415-419.

[15] HE M C，GUO H Y，CHEN X，et al. Numerical simulation of the effect of geostress on large deformations of deep soft rock tunnels，in：The 5th International Symposium on In-situ Rock Stress [J]. Leiden：Rock Stress and Earthquakes，2010：595-599.

[16] LI G F，TAO Z G，GUO H Y，et al. Stability control of a deep shaft insert [J]. Mining Science & Technology，2010，20（4）：491-498.

[17] 周翠英，邓毅梅，谭祥韶，等. 饱水软岩力学性质软化的试验研究与应用 [J]. 岩石力学与工程学报，2005，24（1）：33-38.

[18] 周翠英，朱凤贤，张磊. 软岩饱水试验与软化临界现象研究 [J]. 岩土力学，2010，31（6）：1709-1715.

[19] GOMEZ J B，GLOVER P W J. Damage of saturated rocks undergoing triaxial deformation using complex electrical conductivity measurements：mechanical modeling [J]. Phys. Chem. Earth，1997，22（1-2）：63-68.

[20] ERNEST H，RUTTER. The influence of temperature，strain rate and

interstitial water in the experimental deformation of calcite rocks [J]. Tectonophysics，1974，22：311-334.

[21] 王运生，吴俊峰，魏鹏，等. 四川盆地红层水岩作用岩石弱化时效性研究 [J]. 岩石力学与工程学报，2009，28（S1）：3102-3108.

[22] NEWMAN G H. The effect of water chemistry on the laboratory compression and permeability characteristic of North Sea Chalks [J]. JPT，May，1983，35：976-980.

[23] HADIZADEH J. Water-weakening of sandstone and quartzite deformed at various stress and strain rates [J]. Int. J. Rock Mechanics. Min. Sci，1991，28（5）：431-439.

[24] DELAGE P，SCHROEDER C，CUI Y J. Subsidence and capillary effects in chalks [C]//Proc. Eurock'96. Balkema，Rotterdam，1996.

[25] 汤连生，张鹏程，王思敬. 水-岩化学作用之岩石宏观力学效应的试验研究 [J]. 岩石力学与工程学报，2002，21（4）：526-531.

[26] 郭富利，张顶立，苏洁，等. 地下水和围压对软岩力学性质影响的试验研究 [J]. 岩石力学与工程学报，2007，26（11）：2324-2432.

[27] GLOVER P W J，GOMEZ J B. Damage of saturated rocks undergoing triaxial deformation using complex electrical conductivity measurements：Experimental results [J]. Phys. Chem. Earth，1997，22（1-2）：57-61.

[28] 冒海军. 板岩水理特性试验研究与理论分析 [D]. 北京：中国科学院，2006.

[29] HEGGHEIM T，MADL M V，et al. A chemical induced enhanced weakening of chalk by seawater [J]. Journal of petroleum science and engineering，2004，46（3），171-184.

[30] ALICE POST，JAN TULLIS. The rate of water penetration in experimentally deformed quartzite：implications for hydrolytic weakening [J]. Tectonophysics，1998，295：117-137.

[31] KENIS I，URAI J L，VAN DER ZEE W，SINTUBIN M. Mullions in the High-Ardenne Slate Belt（Belgium）：numerical model and parameter sensitivity analysis [J]. Journal of Structural Geology，2004，26（9），1677-1692.

[32] 许淳淳，何宗虎，李伟，等. 添加 TiO、SiO 纳米粉体对石质文物防护剂改性的研究 [J]. 腐蚀科学与防护技术，2003，15（6）：320-323.

[33] NWAUBANI S O，MULHERON M，TILLY G P，et al. Pore-struc-

ture and water transport properties of surfacetreated building stones [J]. Materials and Structures, Springer Netherlands，2006，33（3）：198-206.

[34] 中华人民共和国住房和城乡建设部. 工程岩体试验方法标准：GB/T 50266—2013 [S]. 北京：中国计划出版社，2013.

[35] HADIZADEH J. Water-weakening of sandstone and quartzite deformed at various stress and strain rates [J]. Int. J. Rock Mech. Min. Sci，1991，28（5）：431-439.

[36] ALICE POST，JAN TULLIS. The rate of water penetration in experimentally deformed quartzite：implications for hydrolytic weakening [J]. Tectonophysics，1998，295：117-137.

[37] RISNES R，HAGHIGHI H，KORSNES R I, et al. Chalk-fluid interactions with glycol and brines [J]. Tectonophysics，2003，300：213-226.

[38] 杨春和，冒海军，王学潮，等. 板岩遇水软化的微观结构及力学特性研究 [J]. 岩土力学，2006，27（12）：2090-2098.

[39] 周翠英，邓毅梅，谭祥韶，等. 软岩在饱水过程中微观结构变化规律研究 [J]. 中山大学学报（自然科学版），2003，42（4）：98-102.

[40] 汤连生，张鹏程，王思敬. 水-岩化学作用之岩石断裂力学效应的试验研究 [J]. 岩石力学与工程学报，2002，21（6）：822-827.

[41] 何满潮，周莉，李德建，等. 深部泥岩吸水特性试验研究 [J]. 岩石力学与工程学报，2008，27（6）：1113-1120.

[42] 沈照理. 应该重视水-岩相互作用的研究 [J]. 水文地质工程地质，1991（2）：1.

[43] 丁抗. 水岩作用的地球化学动力学 [J]. 地质地球化学，1989，17（6）：29-381.

[44] 汤连生，王思敬. 工程地质地球化学的发展前景及研究内容和思维方法 [J]. 大自然探索，1999，18（2）：35-40.

[45] COBANOGLU I，CELIK S B，DINCER I，ALKAYA D. Core Size and time effects on water absorption values of rock and cement mortar samples [J]. Bull Eng Geol Environ，2009，68：483-489.

[46] 周莉. 深井软岩水理特性试验研究 [D]. 北京：中国矿业大学（北京），2008.

[47] 王桂莲. 岩石微观孔隙结构特征与吸水特性关系研究 [D]. 北京：中国矿业大学（北京），2010.

[48]　HEGGHEIM T，MADLAND M V，et al．A chemical induced enhanced weakening of chalk by seawater [J]．Journal of petroleum science and engineering，2004，46（3），171-184.

[49]　杨春和，冒海军，王学潮，等．板岩遇水软化的微观结构及力学特性研究 [J]．岩土力学，2006，27（12）：2090-2098.

[50]　乔丽苹，刘建，冯夏庭．砂岩水物理化学损伤机制研究 [J]．岩石力学与工程学报，2007，26（10）：2117-2124.

[51]　吴恩江，韩宝平，王桂梁．红层中水-岩作用微观信息特征及对孔隙演化的影响 [J]．中国矿业大学学报，2005，34（1）：123-128.

[52]　周翠英，邓毅梅，谭祥韶，等．软岩在饱水过程中水溶液化学成分变化规律研究 [J]．岩石力学与工程学报 2004，23（22）：3813-3817.

[53]　姜永东，鲜学福，许江，等．砂岩单轴三轴压缩试验研究 [J]．中国矿业，2004，13（4）：66-69.

[54]　朱珍德，邢福东，王思敬，等．地下水对泥板岩强度软化的损伤力学分析 [J]．岩石力学与工程学报，2004，23（S2）：4739-4743.

[55]　朱珍德，邢福东，刘汉龙，等．南京红山窑第三系红砂岩膨胀变形性质试验研究 [J]．岩土力学，2004，25（7）：1041-1044.

[56]　王军，何淼，汪中卫．膨胀砂岩的抗剪强度与含水量的关系 [J]．土木工程学报，2006，39（1）：98-102.

[57]　林永学．预测井眼稳定力学化学耦合方法 [J]．石油钻探技术，1998，26（3）：19-21.

[58]　程远方，王京印，赵益忠，等．多场耦合作用下泥页岩地层强度分析 [J]．岩石力学与工程学报，2006，25（9）：1912-1016.

[59]　郭中华，朱珍德，杨志祥，等．岩石强度特性的单轴压缩试验研究 [J]．河海大学学报，2002，30（2）：93-96.

[60]　李洪志．中国煤矿膨胀性软岩力学化学行为及支护对策研究 [D]．北京：中国矿业大学，1995.

[61]　林育梁．软岩工程力学若干问题的探讨 [J]．岩石力学与工程学报，1999，18（6）：690-693.

[62]　曲永新，等．中国东部膨胀岩的研究 [J]．软岩工程，1991，1（2）：9-12.

[63]　周思孟．复杂岩体若干岩石力学问题 [M]．北京：中国水利水电出版社，1998.

[64]　陈宗基．膨胀岩的变形与破坏研究 [J]．岩石力学与工程学报，1994，

13 (3)：206-212.

[65] 曾云. 盘道岭隧洞软弱岩石浸水软化对强度和变形特性的影响 [J]. 陕西水力发电，1994，10 (1)：29-33.

[66] 谢和平，陈忠辉. 岩石力学 [M]. 北京：科学出版社，2004.

[67] LOUIS C. Rock Hydraulics in Rock Mechanics [J]. Verlaywien New York，1974.

[68] ODA M. An equivalent continuum model for coupled stress and fluid flow analysis in jointed rock masses [J]. Water Resource Research，1986，13.

[69] NOORISHAD J，TSANG C F，Witherspoon P A. Coupled thermal-hydraulic-mechanical phenomena in saturated fractured porous rocks：Numerical approach [J]. John Wiley & Sons，Ltd，1984，89 (B12).

[70] OLSSON R，BARTON N. An improved model for hydromechanical coupling during shearing of rock joints [J]. International Journal of Rock Mechanics and Mining Sciences，2001，38 (3)：317-329.

[71] LEE H S，CHO T F. Hydraulic Characteristics of Rough Fractures in Linear Flow under Normal and Shear Load [J]. Rock Mechanics and Rock Engineering，2002，35 (4)：299-318.

[72] BAI M，ELSWORTH D. Modeling of subsidence and stress-dependent hydraulic conductivity for intact and fractured porous media [J]. Rock Mechanics and Rock Engineering，1994，27 (4)：209-234.

[73] LIU J，ELSWORTH D，BRADY B H，et al. Strain-dependent Fluid Flow Defined Through Rock Mass Classification Schemes [J]. Rock Mechanics and Rock Engineering，2000，33 (2).

[74] 仵彦卿. 地下水与地质灾害 [J]. 地下空间，1999 (4)：303-310＋316-339.

[75] 速宝玉，詹美礼，王媛. 裂隙渗流与应力耦合特性的试验研究 [J]. 岩土工程学报，1997 (4)：73-77.

[76] 王媛，徐志英，速宝玉. 复杂裂隙岩体渗流与应力弹塑性全耦合分析 [J]. 岩石力学与工程学报，2000 (2)：177-181.

[77] 陈祖安，伍向阳，孙德明，等. 砂岩渗透率随静压力变化的关系研究 [J]. 岩石力学与工程学报，1995 (2)：155-159.

[78] 刘继山. 单裂隙受正应力作用时的渗流公式 [J]. 水文地质工程地质，1987 (2)：32-33＋28.

[79] 周创兵，熊文林. 岩石节理的渗流广义立方定理 [J]. 岩土力学，

1996（4）：1-7.

[80]　杨延毅，周维垣. 裂隙岩体的渗流-损伤耦合分析模型及其工程应用
　　　[J]. 水利学报，1991（5）：19-27＋35.

[81]　杨天鸿，唐春安，梁正召，等. 脆性岩石破裂过程损伤与渗流耦合数
　　　值模型研究 [J]. 力学学报，2003（5）：533-541.

[82]　陈卫忠，朱维申，李术才. 节理岩体断裂损伤耦合的流变模型及其应
　　　用 [J]. 水利学报，1999（12）：33-37.

[83]　郑少河，赵阳升，段康廉. 三维应力作用下天然裂隙渗流规律的试验
　　　研究 [J]. 岩石力学与工程学报，1999（2）：15-18.

[84]　郑少河，朱维申. 裂隙岩体渗流损伤耦合模型的理论分析 [J]. 岩石
　　　力学与工程学报，2001（2）：156-159.

[85]　夏才初，王伟，王筱柔. 岩石节理剪切-渗流耦合试验系统的研制
　　　[J]. 岩石力学与工程学报，2008（6）：1285-1291.

[86]　郑顾团，殷有泉，康仲远，等. 有渗透作用的断裂带破裂机理的研究
　　　[J]. 科学通报，1990（15）：1167-1170.

[87]　周创兵，熊文林. 不连续面渗流与变形耦合的机理研究 [J]. 水文地
　　　质工程地质，1996，23（3）：14-17.

[88]　张玉卓，张金才. 裂隙岩体渗流与应力耦合的试验研究 [J]. 岩土力
　　　学，1997（4）：59-62.

[89]　赵阳升，杨栋，郑少河，等. 三维应力作用下岩石裂缝水渗流物性规
　　　律的试验研究 [J]. 中国科学 E 辑：技术科学，1999（1）：82-86.

[90]　仵彦卿，柴军瑞. 裂隙网络岩体三维渗流场与应力场耦合分析 [J].
　　　西安理工大学学报，2000（1）：1-5.

[91]　赵延林，曹平，文有道，等. 渗透压作用下压剪岩石裂纹损伤断裂机
　　　制 [J]. 中南大学学报（自然科学版），2008（4）：838-844.

[92]　赵延林，曹平，林杭，等. 渗透压作用下压剪岩石裂纹流变断裂贯通
　　　机制及破坏准则探讨 [J]. 岩土工程学报，2008（4）：511-517.

[93]　黄润秋，徐德敏. 高渗压下水—岩相互作用试验研究 [J]. 工程地质
　　　学报，2008（4）：489-494.

[94]　沈荣喜，刘长武，刘晓斐. 压力水作用下碳质页岩三轴流变特征及模
　　　型研究 [J]. 岩土工程学报，2010，32（7）：1131-1134.

[95]　阎岩，王恩志，王思敬，等. 岩石渗流-流变耦合的试验研究 [J]. 岩
　　　土力学，2010，31（7）：2095-2103.

[96]　申林方，冯夏庭，潘鹏志，等. 单裂隙花岗岩在应力-渗流-化学耦合作

用下的试验研究 [J]. 岩石力学与工程学报，2010，29（7）：1379-1388.

[97] OBERT L，WINDES S L，DUVALL W I. Standardized tests for determining the physical properties of mine rock [J]. RI-3891，Bureau of Mines，U. S. Dept. of the Interior，1946.

[98] PRICE N J. The influence of geological factors on the strength of coal measure rocks. Geological Magazine，1963，100（5）：428-443.

[99] PRICE N J. The compressive strength of coal measures rocks. Colliery Engineering，1960，37：283-292.

[100] FEDA J. The influence of water content on the behavior of subsoil，formed by highly weathered rocks [C]// Proceedings of the 1st Congress of the International Society of Rock Mechanics. Lisbon，1966.

[101] RUIZ M D. Some technological characteristics of twenty-six Brazilian rock types [C]// Proceedings 1st Congress of the International Society of Rock Mechanics. Lisbon，1966.

[102] COLBACK PSB，WIID BL. The influence of moisture content on the compressive strength of rock. Rock Mechanics Symposium，University of Toronto，Ottarnra，Department of Mines and Technical Surveys，1965：65-84.

[103] EECKHOUT E M V. The mechanisms of strength reduction due to moisture in coal mine shales [J]. International Journal of Rock Mechanics&Mining Sciences&Geomechanics Abstracts，1976，13（2）：61-67.

[104] ERGULER Z A，ULUSAY R. Water-induced variations in mechanical properties of clay-bearing rocks [J]. International Journal of Rock Mechanics&Mining Sciences，2009，46（2）：355-370.

[105] DUPERRET A，TAIBI S，MORTIMORE R N，et al. Effect of groundwater and sea weathering cycles on the strength of chalk rock from unstable coastal cliffs of NW France [J]. Engineering Geology，2005，78（3-4）：321-343.

[106] WASANTHA P L P，RANJITH P G. Water-weakening behavior of Hawkesbury sandstone in brittle regime [J]. Engineering Geology，2014，178（8）：91-101.

[107] ZHAO Y，YANG T，TAO X，et al. Mechanical and energy release

characteristics of different water-bearing sandstones under uniaxial compression [J]. International Journal of Damage Mechanics，2017，27 (1)：105678951769747.

[108] WONG L N Y，MARUVANCHERY V，LIU CC. Water effects on rock strength and stiffness degradation [J]. Acta Geotechnica，2015，1 1 (4)：1-25.

[109] BAGDE M N，PETROS V. Fatigue properties of intact sandstone samples subjected to dynamic uniaxial cyclical loading [J]. International Journal of Rock Mechanics and Mining Sciences，2005，42 (2)：237-250.

[110] 耿乃光，郝晋昇，李纪汉，等. 断层泥力学性质与含水量关系初探 [J]. 地震地质，1986 (3)：56-60.

[111] 许东俊，耿乃光. 含水黏土断层泥的现场大尺度剪切试验 [J]. 地震研究，1991 (3)：293-300.

[112] 陈钢林，周仁德. 水对受力岩石变形破坏宏观力学效应的试验研究 [J]. 地球物理学报，1991 (3)：335-342.

[113] 张慧梅，夏浩峻，杨更社，等. 冻融循环和围压对岩石物理力学性质影响的试验研究 [J]. 煤炭学报，2018，43 (2)：441-448.

[114] 傅晏，王子娟，刘新荣，等. 干湿循环作用下砂岩细观损伤演化及宏观劣化研究 [J]. 岩土工程学报，2017，39 (9)：1653-1661.

[115] 唐江涛，裴向军，裴钻，等. 冻融循环作用下岩石的损伤研究 [J]. 科学技术与工程，2016，16 (27)：101-105.

[116] 周翠英，彭泽英，尚伟，等. 论岩土工程中水-岩相互作用研究的焦点问题——特殊软岩的力学变异性 [J]. 岩土力学，2002 (1)：124-128.

[117] ATHINSON B K，MEREDITH P G. Stress corrosion cracking of quartz：a note on the influence of chemical environment [J]. Tectonophysics，1981，77：1-11.

[118] DUNNING J，DOUGLAS B，MILLER M，et al. The role of the chemical environment in frictional deformation：Stress corrosion cracking and comminution [J]. pure and applied geophysics，1994，143 (1)：151-178.

[119] REBINDER P，SHREINER L A，ZHIGACH K F. Hardness reducers in drilling：a physico-chemical method of facilitating the mechanical destruction of rocks during drilling [J]. 1948.

[120] KARFAKIS M G, AKRAM M. Effects of chemical solutions on rock fracturing [J]. International Journal of Rock Mechanics and Mining Science & Geomechanics Abstracts, 1993, 30 (7): 1253-1259.

[121] FEUCHT L J, LOGAN J M. Effects of chemically active solutions on shearing behavior of a sandstone [J]. Tectonophysics, 1990, 175 (1): 159-176.

[122] HUTCHINSON A J, JOHNSON J B, THOMPSON G E, et al. Stone degradation due to wet deposition of pollutants [J]. Pergamon, 1993, 34 (11): 1881-1898.

[123] HEGGHEIM T, MADLAND M V, RISNES R, et al. A chemical induced enhanced weakening of chalk by sea water [J]. Journal of Petroleum Science and Engineering, 2004, 46 (3): 171-184.

[124] SAUSSE J, JACQUOT E, FRITZ B, et al. Evolution of crack permeability during fluid-rock interaction. Example of the Brézouard granite (Vosges, France) [J]. Tectonophysics, 2001, 336 (1-4): 199-214.

[125] POLAK, ELSWORTH D, YASUHARA H, et al. Permeability reduction of a natural fracture under net dissolution by hydrothermal fluids [J]. Geophysical Research Letters, 2003, 30 (20): 1-4.

[126] AMIR POLAK, DEREK ELSWORTH, JISHAN LIU, et al. Spontaneous switching of permeability changes in a limestone fracture with net dissolution [J]. Water Resources Research, 2004, 40 (3): 205-215.

[127] HIDEAKI YASUHARA, DEREK ELSWORTH, AMIR POLAK. Evolution of permeability in a natural fracture: Significant role of pressure solution [J]. John Wiley & Sons, Ltd, 2004, 109 (B3).

[128] HIDEAKI YASUHARA, AMIR POLAK, YASUHIRO MITANI, et al. Evolution of fracture permeability through fluid-rock reaction under hydrothermal conditions [J]. Earth and Planetary Science Letters, 2006, 244 (1-2): 186-200.

[129] LIU J S, SHENG J C, POLAK A, et al. A fully-coupled hydrological-mechanical-chemical model for fracture sealing and preferential opening [J]. International Journal of Rock Mechanics and Mining Sciences, 2005, 43 (1): 24-35.

[130]　陈钢林，周仁德. 水对受力岩石变形破坏宏观力学效应的试验研究 [J]. 地球物理学报，1991（3）：335-342.

[131]　孙钧，胡玉银. 三峡工程饱水花岗岩抗拉强度时效特性研究 [J]. 同济大学学报（自然科学版），1997（2）：127-134.

[132]　常春，周德培，郭增军. 水对岩石屈服强度的影响 [J]. 岩石力学与工程学报，1998（4）：59-63.

[133]　Effect of Water Chemical Corrosion on Strength and Cracking Characteristics of Rocks -A Review [J]. Key Engineering Materials，2004，261：1355-1360.

[134]　FENG X T，SILI C，LI S. Study On Nonlinear Damage Localization Process of Rocks Under Water Chemical Corrosion. 2003.

[135]　冯夏庭，王川婴，陈四利. 受环境侵蚀的岩石细观破裂过程试验与实时观测 [J]. 岩石力学与工程学报，2002（7）：935-939.

[136]　FENG X T，CHEN SL，LI S J. Effects of water chemistry on microcracking and compressive strength of granite [J]. International Journal of Rock Mechanics and Mining Sciences，2001，38（4）：557-568.

[137]　FENG X T，CHEN SL，ZHOU H. Real-time computerized tomography (CT) experiments on sandstone damage evolution during triaxial compression with chemical corrosion [J]. International Journal of Rock Mechanics and Mining Sciences. 2004，41（2）：181-192.

[138]　陈四利，冯夏庭，周辉. 化学腐蚀下砂岩三轴细观损伤机理及损伤变量分析 [J]. 岩土力学，2004（9）：1363-1367.

[139]　陈四利，冯夏庭，李邵军. 岩石单轴抗压强度与破裂特征的化学腐蚀效应 [J]. 岩石力学与工程学报，2003（4）：547-551.

[140]　陈四利. 化学腐蚀下岩石细观损伤破裂机理及本构模型 [D]. 沈阳：东北大学，2003.

[141]　丁梧秀，冯夏庭. 灰岩细观结构的化学损伤效应及化学损伤定量化研究方法探讨 [J]. 岩石力学与工程学报，2005（8）：1283-1288.

[142]　丁梧秀. 水化学作用下岩石变形破裂全过程试验与理论分析 [D]. 武汉：中国科学院研究生院（武汉岩土力学研究所），2005.

[143]　汤连生，王思敬. 岩石水化学损伤的机理及量化方法探讨 [J]. 岩石力学与工程学报，2002（3）：314-319.

[144]　汤连生，张鹏程，王洋，等. 水溶液对混凝土土剪切强度力学效应的试验研究 [J]. 中山大学学报（自然科学版），2002（2）：89-92.

[145] LI N，ZHU Y，SU B，et al. A chemical damage model of sandstone in acid solution [J]. Int. J. Rock Mech. Min. Sci.，2003，40 (2)：243-249.

[146] 李宁. 酸性环境中钙质胶结砂岩的化学损伤模型 [J]. 岩土工程学报，2003，259（4）：395-399.

[147] 姜立春，温勇. AMD蚀化下砂岩的损伤本构模型 [J]. 中南大学学报（自然科学版），2011，42（11）：3502-3506.

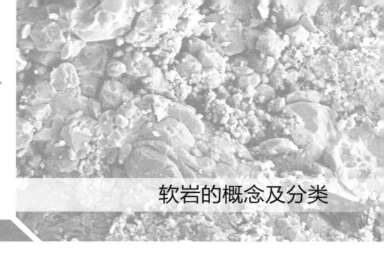

第2章

软岩的概念及分类

2.1 软岩概念

2.1.1 概述

软岩（soft rock）是一种特定环境下的具有显著塑性变形的复杂岩石力学介质，在水环境作用下软岩易产生大变形失稳破坏。从定义上分为工程软岩和地质软岩。根据软岩特性的差异及产生显著塑性变形的机制，软岩可分为4大类，即膨胀性软岩、高应力软岩、节理化软岩和复合型软岩。

在英语文献中，soft ground, soft formation, soft rock, incompetent rock/bed/formation, weak rock 等词较为常见。soft ground 一般指软土、软地基、软地层、弱底板，具有湿度大、不能自撑、易屈服等特点。soft formation 一般译为软地层、软层，侧重于其地层学意义。soft rock 可译为软岩石，相对最为常见，在岩石学中，多用于沉积岩，也可以是一类与侵蚀作用关系密切的岩石。incompetent rock 一般译为弱岩石、不坚固岩石、弱胶结岩、劣质岩石，指在额定的时间和条件下，不能承受构造力的一定体积的岩石。weak rock 则是一种意义更为广泛的不良工程性质岩石的总称，可译为软弱岩石、弱岩，包括破坏岩或构造岩，破裂和节理发育的岩石、不连续岩石，风化软岩以及扩容岩。

软岩一般是指软质岩或软质岩石的通称。在《工程岩体分级标准》GB/T 50218—2014 及《岩土工程勘察规范》GB 50021—2001 等规范中，按坚硬程度划分，软质岩包括较软岩、软岩和极软岩，与软质岩相对的是硬质岩。在《公路工程地质勘察规范》JTG C20—2011 中按饱和抗压极限强度来划分岩石，软质岩石包括软质岩和极软岩。《水利水电工程地质勘察规范》GB 50487—2008 中软质岩包括软岩和较软岩。在其他国内文献中，与软岩有关的术语有软弱岩石、软弱夹层、泥化岩、风化岩等，除软弱夹层外，一般仅注出代表性岩石或某些强度指标，缺乏确切定义。

对于如何定义软岩，国内外学者专门进行过多次探讨。1981年 9 月，国际岩石力学协会委托日本岩石力学协会召开了"国际软岩讨论会"；1984 年 12 月，我国煤炭部矿山压力情报中心站、《煤炭学报》编辑部、中国煤炭学会岩石力学专业委员会联合发起的"煤矿矿山压力名词讨论会"，集中了国内矿山岩石力学方面的专家学者，在昆明专门讨论了软岩的定义；1990 年 9 月，在英国利兹大学召开了"软岩工程地质"的学术讨论会；1996 年 8 月，煤炭工业部在龙口召开全国煤炭软岩工程学术讨论会，出版了《中国煤矿软岩巷道支护理论与实践》论文集，总结了 10 余年的软岩工程经验。在主要的软岩定义方法中，主要有以下标准：

（1）单一指标定义。在国内众多的技术规范中，一般按照单轴抗压极限强度来定义软岩和硬岩，划分标准为 30MPa。日本坝基岩石分级标准中，当单轴抗压强度不足 20MPa 时即定义为软岩。西方多采用 25MPa 作为划分标准，也有学者提出按照其他指标来定义，如：①抗压强度与上覆岩层荷重（YH）之比小于或等于 2 的岩层为软岩；②松动圈厚度大于或等于 1.5 的围岩称为软岩；③按岩石地基承载力分类，先按岩石坚固性初步划分，再进一步按其承载力标准值将小于 2MPa 的归为软质岩石；④按岩石的波速值分类，多采用纵波波速值，一般将纵波波速小于 4000m/s 的视为软岩。

（2）地质特性描述定义。1984 年召开的矿山压力名词专题讨论会，初步将软岩定义为"强度低，孔隙大，胶结程度差，受构造切割面及风化影响显著或含有大量膨胀黏土矿物的松、散、软、弱岩层"。

（3）工程定义。①中国矿业大学董方庭教授提出，围岩松动圈厚度大于 1.5m 的围岩，称为软岩；②中国矿业大学鹿守敏教授指出，围岩松动圈厚度大于 1.5m 并且用常规支护不能适应的围岩称为软岩；③松软岩层是指难支护的围岩或"多次支护，需要重复翻修的围岩"。

2.1.2　地质软岩的概念

目前，人们普遍采用的软岩定义基本上可归于地质软岩的范畴，按地质学的岩性划分，地质软岩是指强度低、孔隙度大、胶结程度差、受构造面切割及风化影响显著或含有大量膨胀性黏土矿物的松、散、软、弱岩层，该类岩石多为泥岩、页岩、粉砂岩和泥质砂岩等单轴抗压强度小于 25MPa 的岩石，是天然形成的复杂地质介质。

国际岩石力学会将软岩定义为单轴抗压强度（σ_c）在 0.5～25MPa 之间的一类岩石，其分类依据基本上是按照强度指标。该软岩定义用于工程实践中会出现矛盾，如：巷道所处深度不大，地应力水平足够低时，则强度低于 25MPa 的岩石也不会产生软岩的特征；相反，单轴抗压强度大于 25MPa 的岩石，若其工程深度足够深，地应力水平足够高，则也可以产生软岩的大变形、大地压和难支护的现象。因此，地质软岩的定义存在明显的局限性，不能用于指导工程实践。何满潮等完善了地质软岩定义的缺陷，提出了工程软岩的概念。

2.1.3　工程软岩的概念

工程软岩是指在工程力作用下能产生显著塑性变形的工程岩体。该定义揭示了软岩的相对性实质，能正确地指导工程实践。目前流行的软岩定义强调了软岩的软、弱、松、散等低强度特点，同时应强调软岩所承受的工程力荷载的大小，强调从软岩的强度和工程力荷载的对立统一关系中分析、把握软岩的相对性实质。

工程软岩要满足：

$$\begin{cases} \sigma > [\sigma] \\ U > [U] \end{cases} \qquad (2.1)$$

式中：σ——工程荷载（MPa）；

$[\sigma]$——工程岩体强度（MPa）；

U——巷道变形（mm）；

$[U]$——巷道允许变形（mm）。

该定义中工程力是指作用在工程岩体上的力的总和，它可以是重力、构造残余应力、水的作用力和工程扰动力以及膨胀应力等；显著塑性变形是指以塑性变形为主体的变形量超过了工程设计的允许变形值并影响了工程的正常使用，显著塑性变形包含显著的弹塑性变形、黏弹塑性变形、连续性变形和非连续性变形等；工程岩体是软岩工程研究的主要对象，是巷道、边坡、基坑开挖扰动影响范围之内的岩体，包含岩块、结构面及其空间组合特征。

此定义揭示了软岩的相对性实质，即取决于工程力与岩体强度的相互关系。当工程力一定时，不同岩体，强度高于工程力水平的大多表现为硬岩的力学特性，强度低于工程力水平的则可能表现为软岩的力学特性；对于同种岩石，在较低工程力作用下，表现为硬岩的变形特性，在较高工程力作用下则可能表现为软岩的变形特性。

当地质软岩所受工程荷载小于地质软岩强度，且地质软岩不产生显著塑性变形时，此时即是地质软岩而非工程软岩。当地质软岩在工程力作用下发生了显著变形时，此时既是地质软岩又是工程软岩。在大深度、高应力作用下，地质硬岩呈现出显著塑性变形特征，此时其为工程软岩而非地质软岩。

2.2　软岩的基本特征

软岩一般是由许许多多大小不等、形状不同的矿物颗粒按照各种排列方式组合在一起构成软岩的主要部分，称为"骨架"。在颗粒间的孔隙中，通常有固相颗粒、液相的水溶液和气体形成三相体，有时只被水或气体充填形成二相体。对于软岩来说，颗粒、水溶液和气体这三个基本组成部分不是彼此孤立地、机械地混在一起，而是经过了漫长地质过程的建造和改造作用使其相互联系、相互作用，共同形成软岩的物质基础，并决定软岩的力学特性。

固相颗粒是软岩最主要的物质组成，构成软岩的主体，是最稳定、变化最小的成分，在三相之间相互作用过程中，一般居主导地位。对于固相颗粒部分，在进行软岩的工程地质研究时，从颗粒大小的组合、矿物成分、化学成分三方面来考虑。

组成软岩的液体相部分实际上是化学溶液而不是纯水。将溶液作为纯水研究时，基于颗粒的亲水性而形成的强结合水、弱结合水、毛细水、重力水对软岩工程地质亦有很大的影响。

2.2.1　软岩粒组及粒度成分

软岩的粒度成分是指软岩中各种大小颗粒的相对含量。粒组是将粒径的大小分为若干组。粒组划分的原则是：首先考虑在一定的粒径变化范围内，其工程地质性质是相似的，若超过了这个变化幅度就要引起质的变化，而粒组界限的确定，则视起主导作用的特性而定；其次考虑与目前粒度成分的测定技术相适应。目前我国广泛应用的粒组划分如下：

（1）卵石组（$d>2mm$）。多为岩石碎块。这种粒组形成的软岩，孔隙粗大、透水性极强、毛细水上升高度极小，无论在潮湿或干燥状态下，均没有联结，可塑性、膨胀性、压缩性均极小，强度较高。

（2）砂粒组（$d=2\sim0.05mm$）。主要为原生矿物，大多是石英、长石、云母等。这种粒组软岩孔隙较大，透水性强，毛细水上升高度很小，可塑性和膨胀性较小，压缩性极弱，强度较高。

（3）粉粒组（$d=0.05\sim0.005mm$）。是原生矿物与次生矿物的混合体，其性质介于砂粒与黏粒之间。由该粒组形成的软岩，因孔隙小而透水性弱，毛细水可上升到一定高度，有一定的压缩性，强度较低。

（4）黏粒组（$d<0.005mm$）。主要由次生矿物组成。由该粒

组形成的软岩，其孔隙很小，透水性极弱，毛细水上升高度较高，有可塑性、膨胀性，强度较低。

2.2.2 软岩中矿物成分的类型

软岩的固体相部分，实质上都是矿物颗粒，并且是一种多矿物体系。不同的矿物其性质各不相同，但它们在软岩中的相对含量和粒度成分也是影响软岩力学性质的重要因素。

（1）原生矿物

组成软岩固体相部分的物质，主要来自岩石风化产物。岩石经过物理风化、迁移作用、沉积作用、成岩作用而形成软岩。原生矿物仍保留着风化作用前存在于母岩中的矿物成分。软岩中原生矿物主要有硅酸盐类矿物、氧化物类矿物，此外尚有硫化物类矿物及磷酸盐类矿物。

硅酸盐类矿物中常见的有长石类、云母类、辉石类及角闪石类等矿物。常见的长石类矿物有钾长石和钙长石，它们不太稳定，受风化作用易形成次生矿物。常见的云母类矿物有白云母和黑云母，两者都不易风化，云母类矿物含较多的 Fe、Mg、K 等元素。常见的辉石类和角闪石类矿物有普通辉石和普通角闪石。

氧化物类矿物中常见的有石英、赤铁矿、磁铁矿，它们相当稳定，不易风化，其中石英是软岩中分布较广的一种矿物。软岩中硫化物类矿物通常只有铁的硫化物，它们极易风化。磷酸盐类矿物主要是磷灰石。

（2）次生矿物

原生矿物在一定的气候条件下，经化学风化作用，进一步分解，形成一种新的矿物，颗粒变得更细，甚至变成胶体颗粒，这种矿物称为次生矿物。次生矿物有两种类型：一种是原生矿物中的一部分可溶物质被溶滤到别的地方沉淀下来，形成"可溶的次生矿物"；另一种是原生矿物中可溶的部分被溶滤走后，残存的部分性质已改变，形成了新的"不可溶的次生矿物"。

可溶性次生矿物的形成主要是由于各种矿物中含有化学性质活泼的 K、Na、Ca、Mg 及 CI、S 等元素。这些元素呈阳离子及酸根离子，溶于水后，在迁移过程中因蒸发浓缩作用形成可溶的卤化物、硫酸盐及碳酸盐。这些盐类一般都结晶沉淀并充填于软岩的孔隙内，形成不稳定的胶结物；未沉淀析出的部分，则呈离子状态存在于软岩的孔隙溶液中，这种溶液与黏粒相互作用，影响着软岩的工程地质性质。不可溶性次生矿物有次生二氧化硅、氧化物、黏土矿物。

次生二氧化硅是由原生矿物硅酸盐经化学风化后，原有的矿物结构被破坏，游离出结晶格架的细小碎片，由 SiO_2 组成，氧化物多由 Fe^{3+}、Al^{3+} 和 O^{2-}、OH^-、H_2O 等组成的矿物，如磁铁矿等。

黏土矿物是原生矿物长石及云母等硅酸盐类矿物经化学风化而成，主要有高岭石、水云母（伊利石）、蒙脱石等。黏土矿物是软岩的重要组成部分。

（3）有机质

有机质由软岩中动植物残骸在微生物作用下分解而成：一种是分解不完全的植物残骸，形成泥炭，疏松多孔；另一种则是完全分解的腐殖质。有机质的亲水性很强，对软岩性质的影响很大。

2.2.3　矿物成分与粒组的关系

软岩是岩石经受复杂的地质作用（风化作用、搬运作用、沉积作用）和自然因素影响而形成的。一定的地质因素必然形成一定类型的软岩，使其具有某种粒度成分和矿物成分。

卵石组一般由物理风化形成的岩石碎块组成。卵石组由于颗粒粗大，所以一般都保留着母岩的原有矿物成分、结构和构造。一般来说，母岩的强度影响卵石组软岩的工程地质性质。比如未风化的花岗岩强度较高，由它形成的颗粒组成的软岩，强度也较高；反之，泥岩、页岩易风化，强度低，由它形成的软岩强度就较低。

砂粒组的矿物成分主要是原生矿物，在较细粒中也有次生矿物。砂粒中常见的矿物有石英、长石、云母及其他黑色矿物等主要造岩矿物。砂粒的矿物成分对其形成的软岩工程地质性质有一定的影响。上述几种矿物力学强度的次序是石英＞长石、云母＞方解石、白云石。石英硬度大，抗风化能力强。长石、云母都经受不同程度的化学风化作用，且硬度小于石英；而云母本身有韧性，较柔软，所以强度低。方解石、白云石硬度更低，还有溶蚀性，所以强度更低。由上述矿物各自组成的软岩，应该反映矿物本身的强度特征。

粉粒组往往由抗风化能力较强的矿物组成，如石英等。长石、云母及其他黑色矿物抵抗风化能力弱，尤其是当它们粒径很小时更易变成次生矿物，所以在粉粒中较少见，而次生矿物如高岭石反而易见。

黏粒组的矿物成分几乎都是由次生矿物与腐殖质组成的，而次生矿物中以不可溶性的次生二氧化硅、黏土矿物和氧化物为主，但也有可溶性的次生矿物。黏土矿物是组成黏粒的主要矿物成分，由于其结晶格架构造不同，对形成的软岩工程地质性质的影响也有所不同。黏粒组中的可溶性次生矿物以碳酸盐类为主。由于遇水后易溶解，从而使软岩的孔隙增大，结构疏松，强度降低。由于孔隙溶液的离子成分、浓度、pH 值均将影响黏粒表面扩散层厚度的变化，所以软岩的工程地质性质也随之改变。腐殖质是由风化壳中由于生物活动而堆积下来的有机质完全分解后形成的。当软岩中有机质含量较高时，亲水性、可塑性较高，压缩性大，透水性及抗剪强度较低。总之，矿物成分与粒组有一定的关系，矿物的固有特性影响着软岩的工程地质性质。

2.2.4 软岩的孔隙特征

软岩中存在孔隙必然形成一定的空间，即孔隙空间，能够被水等流体渗透通过。软岩的孔隙结构是指软岩孔隙的形状、大小、孔隙之间的连通情况、孔隙类型、孔壁粗糙程度等孔隙的全部特征。

软岩的孔隙结构影响着岩石的吸水特性。同时，岩石吸水后的孔隙结构也会发生显著变化：第一，粒间孔隙中填充的颗粒和胶结物会因流体的运移而溶解、破碎和运移，从而扩大主流体的运移通道，使其更加平滑，改善连通性，增大孔径；第二，高岭石等软岩颗粒之间填充的黏土矿物对岩石颗粒的黏附性差，在流体剪切力的作用下容易从颗粒上脱落和破碎，并随孔隙中的流体移动，导致孔道堵塞，连通性差，孔径变小；第三，由于流体淋滤和侵蚀作用，软岩和岩石颗粒表面产生了大量新孔隙，导致孔隙数量大量增加；第四，膨胀黏土矿物吸水后体积膨胀（例如，蒙脱石在自由膨胀状态下的体积可达到吸水后原始体积的数百倍或数千倍），导致岩石孔隙空间缩小，孔径变小，阻碍水流。因此，软岩遇水后孔隙结构的变化是不同的，这将使软岩在各个时间段的吸水率不同。

　　在自然界中，软岩经常与水相互作用。水对岩石的力学效应主要是指孔隙静水压力和孔隙动水压力对岩石性质的影响。孔隙静水压力对岩石力学效应的影响可以通过有效应力原理来分析，即如果岩石中的孔隙水在外荷载（工程力）的作用下难以排出或根本无法排出，则孔隙中的水压力会急剧上升，产生较大的超孔隙水压力。在这种作用下，岩石中的固体颗粒或颗粒骨架所能承受的有效应力将减少，从而降低岩石的强度。此外，一些软岩由于变形能力大，在孔隙静水压力的作用下，可能会发生扩容变形，进一步增加软岩中的含水量，从而不断降低岩石强度，直至破坏。然而，孔隙水动力压力会产生切向推力，降低岩土体的抗剪强度。一方面，在孔隙动水压力的作用下，岩体中的细颗粒或某些可溶物质会迁移、溶解，甚至被带出岩体，在岩体中形成水道，称为潜蚀；另一方面，当动水压力足够大时，岩体中的松散物质在动水压力作用下在渠道中流动，并被悬浮和冲走，造成渗流破坏，称为管涌。毫无疑问，这种影响是软岩发生变化和破坏的主要原因之一。然而，随着研究的深入，水岩相互作用不仅是通过有效应力原理简单考虑的力学作用，而且是一种更为复杂的物理化学作用。

2.3　软岩的基本力学属性

2.3.1　软化临界荷载

　　软岩的蠕变试验表明，当所施加的荷载小于某一荷载水平时，岩石处于稳定变形状态，蠕变曲线趋于某一变形值，随时间延伸而不再变化；当所施加的荷载大于某一荷载水平时，岩石出现明显的塑性变形加速现象，即产生不稳定变形，这一荷载称为软岩的软化临界荷载，即能使岩石产生明显变形的最小荷载。当岩石种类一定时，其软化临界荷载是客观存在的。当岩石所受荷载水平低于软化临界荷载时，该岩石属于硬岩范畴；而只有当荷载水平高于软化临界荷载时，该岩石表现出软岩的大变形特性，被称之为软岩。

2.3.2 软化临界深度

与软化临界荷载相对应地存在着软化临界深度。对特定矿区，软化临界深度也是一个客观量。当巷道的位置大于某一开采深度时，围岩产生明显的塑性大变形、大地压和难支护现象；但当巷道位置较浅，即小于某一深度时，大变形、大地压现象明显消失。这一临界深度，称之为岩石软化临界深度。软化临界深度的地应力水平大致相当于软化临界荷载。

2.3.3 软化临界荷载与软化临界深度之间的关系及确定方法

软化临界荷载和软化临界深度可以相互推求，在无构造残余应力的矿区，其公式为：

$$\sigma_{cs} = \frac{H}{50} \cdot (\sum_{i=1}^{N} \rho_i h_i) H_{cs} \tag{2.2}$$

在构造应力或其他附加应力均存在的矿区，其公式为：

$$\sigma_{cs} = \frac{H}{50}(\sum_{i=1}^{N} \rho_i h_i) \cdot H_{cs} + \sum_{j=1}^{M} \Delta \sigma_{cs}^{j} \tag{2.3}$$

式中：H_{cs}——软化临界深度（m）；

σ_{cs}——软化临界荷载（MPa）；

$\Delta \sigma_{cs}^{j}$——残余构造应力（MPa）；

j——$j=1$ 为构造残余应力，$j=2$ 为膨胀应力，$j=3$ 为动载荷附加应力；

ρ_i——上覆岩层第 i 层密度（t/m³）；

H——上覆岩层总厚度（m）；

h_i——上覆岩层第 i 层厚度（m）；

N——上覆岩层层数。

软岩两个基本属性之间的关系即软化临界荷载和软化临界深度可以相互推求，在无构造残余应力的矿区，其公式为：

$$e_{cs} = \frac{\sum\limits_{i=1}^{N} V_i h_i}{50H} H_{cs} \qquad (2.4)$$

$$H_{cs} = \frac{50H}{\sum\limits_{i=1}^{N} H} e_{cs} \qquad (2.5)$$

在构造应力或其他附加应力均存在的矿区，其公式为：

$$e_{cs} = \frac{1}{50H} \sum\limits_{i=1}^{N} V_i h_i H_{cs} + \sum\limits_{j=1}^{M} \Delta e_{cs}^{j} \qquad (2.6)$$

$$H_{cs} = \frac{50H}{\sum\limits_{i=1}^{N} V_i h_i} \cdot \left(e_{cs} - \sum\limits_{j=1}^{M} \Delta e_{cs}^{j} \right) \qquad (2.7)$$

式中，H_{cs} 为软化临界深度（m）；e_{cs} 为软化临界荷载（MPa）；Δe_{cs}^{j} 为残余应力（MPa），$j=1$ 为构造残余应力，$j=2$ 为膨胀应力，$j=3$ 为动载荷附加应力；V_i 为上覆岩层第 i 岩层重度（t/m³）；H 为上覆岩层总厚度（m）；h_i 为上覆岩层第 i 层厚度（m）；N 为上覆岩层层数。

软岩实质上是巷道开挖工程力作用于围岩后产生塑性大变形的一种力学状态，评价软岩状态的参数是软化指数：

$$f_s = \frac{\sigma_{cs}}{\sigma_{max}} \qquad (2.8)$$

式中：f_s——软化指数；

σ_{max}——巷道开挖产生最大主应力（MPa）；

σ_{cs}——软化临界荷载（MPa）。

软化临界荷载与软化临界深度是相对应的，可以相互推求，只要确定了其中一个，就可以求出另一个，常用的方法有：

（1）蠕变试验法

在试验中，通过岩石蠕变力学试验测定出各岩石的长期强度，该值大致相当于软化临界荷载。

（2）经验公式法

计算公式为：

$$\sigma_{cs} = KR_c \qquad (2.9)$$

式中：R_c——岩石单轴抗压强度（MPa）；

K——经验系数，膨胀性软岩 $K=0.3\sim0.5$，高应力软岩 $K=0.5\sim0.7$，节理化软岩 $K=0.4\sim0.8$。

（3）现场观察法

现场调查当中，围岩开始产生显著变形的埋深即为岩石的软化临界深度。

2.4　软岩的分类

目前普遍采用的软岩定义基本上可归于地质软岩的范畴，根据地质学划分的定义，地质软岩指强度较低、力学性能较差、孔隙发育显著、胶结程度差、显著风化或含有大量软弱夹层的岩石，多为泥岩、页岩、粉砂岩和泥质砂岩等单轴抗压强度小于 25MPa 的岩石，是天然形成的复杂地质介质。国际岩石力学学会将软岩定义为单轴抗压强度（σ_c）在 0.5～25MPa 之间的一类岩石，其分类依据基本上是强度指标。工程软岩是指在工程力作用下能产生显著塑性变形的工程岩体。经典的软岩定义强调了软岩的软、弱、松、散等低强度特点，同时应强调软岩所承受的工程力的大小，强调从软岩的强度和工程力的对立统一关系中分析、把握软岩的相对性实质。按照工程软岩的定义，根据产生塑性变形的机制不同，将软岩分为四类，即膨胀性软岩（或称低强度软岩）、高应力软岩、节理化软岩和复合型软岩。由于膨胀性软岩与高应力软岩在我国岩土工程中广泛存在，故本节主要介绍高应力软岩和膨胀性软岩的特点。

2.4.1　高应力软岩的赋存特点

　　高应力软岩是指在较高应力水平条件下发生显著变形的中、高强工程岩体，这种软岩的强度一般高于 25MPa，其地质特征是泥质成分较少，砂质成分较多，如泥质粉砂岩、泥质砂岩等。它们的工程特点是，当深度不大时，表现为硬岩的变形特征；当深度加大至一定值时，表现为软岩的变形特征。其塑性变形机制是，处于高应力水平时，岩石骨架中的基质（黏土矿物）发生滑移和扩容，此后再接着发生缺陷或裂纹的扩容和滑移塑性变形。表 2.1 为水电水利工程地下建筑物工程地质勘查技术规程的初始地应力分级方案。

水电水利工程地下建筑物工程地质勘查技术规程的
初始地应力分级方案　　　　　　　　　　表 2.1

应力分级	σ_1（MPa）	δ_2	主要现象
极高地应力	≥40	<2	硬质岩：开挖过程中时有岩爆发生，岩块弹出，洞壁岩体发生剥离，新生裂缝多；基坑有剥离现象，成形性差；钻孔岩芯多有饼化现象。 软质岩：钻孔岩芯有饼化现象，开挖过程中洞壁岩体有剥离，位移极为显著，甚至发生大位移，持续时间长，不易成洞；基坑岩体发生卸荷回弹，出现显著隆起或剥离，不易成形
高地应力	20～40	2～4	硬质岩：开挖过程中可能出现岩爆，洞壁岩体有剥离和掉块现象，新生裂缝较多；基坑时有剥离现象，成形性一般尚好；钻孔岩芯时有饼化现象。 软质岩：钻孔岩芯有饼化现象，开挖过程中洞壁岩体位移显著，持续时间较长，成洞性差；基坑有隆起现象，成形性较差
中等地应力	10～20	4～7	硬质岩：开挖过程洞壁岩体局部有剥离和掉块现象，成洞性尚好；基坑局部有剥离现象，成形性尚好。 软质岩：开挖过程中洞壁岩体局部有位移，成洞性尚好；基坑局部有隆起现象，成形性一般尚好
低地应力	<10	>7	无上述现象

高应力软岩的矿物分析通常表明，其矿物成分主要为钙质绿泥石，蒙脱石含量＜20％；膨胀试验结果显示，岩石的膨胀力较小。岩石室内力学试验结果表明，除部分片岩和片麻岩外，各类岩石大多均属硬质岩范畴，其具有较高的强度和模量，单轴抗压强度 $\sigma_c = 40 \sim 160\text{MPa}$，饱和单轴抗压强度 $R = 34.5 \sim 154.3\text{MPa}$，软化系数 $K_v = 0.49 \sim 0.97$。组成高应力软岩的岩石不属于软弱岩石。

在岩体的强度方面，由现场三轴试验所求得的岩体（二辉橄榄岩）单轴抗压强度 $E_{cm} = 8.4\text{MPa}$，仅为岩石抗压强度的 1/20 左右；抗剪强度参数 $c = 1.0\text{MPa}$，$h = 33°$，其值较低。岩体的弹性模量 E_m 也较低，仅为岩石弹性模量的 $1/15 \sim 1/10$。现场试验一方面说明了高应力软岩的强度和模量较岩石低得多，同时也反映出围压对高应力软岩力学性能有着重要的影响。高应力软岩巷道围岩的变形破坏机制是与其原岩的高地应力状态（原岩应力）以及工程岩体的低围压状态（围岩应力）和高应力差相联系的。

2.4.2 膨胀性软岩的赋存特点

膨胀性软岩的成分与泥质有关，而泥质的主要成分是黏土矿物。黏土矿物是指具有片状或链状结晶格架的铝硅酸盐，它是由原生矿物长石及云母等铝硅酸盐矿物经化学风化而成。铝硅酸盐由两个主要部分组成，即硅氧四面体和铝氧八面体。由于两种基本单元组成的比例不同，形成不同的黏土矿物。黏土矿物主要分为 3 大类，即高岭石、蒙脱石和伊利石。黏土矿物的存在很大程度上决定了软岩的性质。

不同地质时期形成的软岩经受的构造运动次数不同，成岩和压密作用不同，因而膨胀性黏土矿物及其含量也各不相同。按生成时代和黏土矿物特征可将软岩分为 3 种类型：

（1）古生代软岩。主要包括上石炭二叠系软岩。其主要黏土矿物为高岭石、伊利石和伊/蒙混层矿物，基本不含蒙脱石，或蒙脱石不能独立存在（只能以混层矿物存在）且混层矿物混层占比比较低（20％～25％）。

（2）中生代软岩。主要包括侏罗系、白垩系及部分二叠系软岩。其主要黏土矿物为伊/蒙混层矿物，其次为高岭石、伊利石，蒙脱石含量较少（一般低于 10%），混层比多在 50%～70%。

（3）新生代软岩。主要包括第三系软岩。主要黏土矿物为蒙脱石、伊/蒙混层和高岭石。

不同生成时代的软岩其天然含水率、比表面积、阳离子交换量等物理化学性质不同。煤矿软岩为沉积岩，地质年代越老，成岩和压密作用越强，经受的构造运动和岩浆活动的次数越多，岩石中的含水量越少。一般来说，从蒙脱石型软岩、伊利石型软岩到高岭石型软岩，其含水率呈递减趋势。古生代软岩的含水率 $<8\%$，中生代软岩为 5%～15%，新生代软岩为 10%～20%。

古生代软岩不含蒙脱石，且高岭石含量较高。中生代软岩由于含少量的蒙脱石和大量的伊/蒙混层矿物及高岭石、伊利石等，因而比表面积在 $100\sim350\mathrm{m^2/g}$ 之间，阳离子交换量多为 $20\sim50\mathrm{mmol/100g}$。新生代软岩由于蒙脱石含量较高，因此比表面积在 $150\sim450\mathrm{m^2/g}$ 之间，阳离子交换量多为 $25\sim60\mathrm{mmol/100g}$。

不同时代的软岩由于黏土矿物成分和含量不同，因而具有不同的结构构造、物化性质、水理性质，并且最终使其力学特征明显不同。

古生代软岩由于结构致密，因而单轴抗压强度多为 $20\sim40\mathrm{MPa}$，抗拉强度为 $1\sim2\mathrm{MPa}$，长期强度多为瞬时强度的 50%～80%，弹性模量较大，泊松比较小。中生代软岩的单轴抗压强度多为 $15\sim30\mathrm{MPa}$，抗拉强度多为 $0.4\sim1\mathrm{MPa}$，长期强度多为瞬时强度的 40%～70%，弹性模量较低，泊松比较大。新生代软岩单轴抗压强度多为 $10\mathrm{MPa}$，抗拉强度多为 $0.1\sim0.5\mathrm{MPa}$，长期强度多为瞬时强度的 10%～40%，弹性模量很小，泊松比较大。

软岩同样存在孔隙，因此能够被水等流体渗透通过。由于软岩中的颗粒细小，黏土矿物变化很大，目前对其结构尚提不出系统的成因分类，仅是根据偏光显微镜和扫描电镜下的不同特征给出细观结构特征和微观结构特征。孔隙有广义孔隙和狭义孔隙之分，广义孔隙是指岩石中未被固体物质充填的空间，包括狭义的孔隙、裂缝和洞穴；狭义孔隙是指沉积物中颗粒间、颗粒内和充填物内的空隙。孔隙按照孔隙之间组合关系可分为孔道和喉道：孔道是被矿物颗粒或其他固体物质所包围的较大空洞；喉道则是连接两个大孔隙的狭窄通道。按照孔径大小可分为：孔径大于 $500\mu m$ 的是超毛细管孔隙，此类孔隙的特点是流体在重力作用下可以自由流动，岩石中的大裂缝、溶洞及未胶结或胶结疏松的砂层孔隙多属此类；孔径小于 $0.2\mu m$ 的是微毛细管孔隙，流体若在这类孔隙中移动，则需要非常大的压力梯度，泥页岩中的孔隙一般属此类型；孔径在 $0.2\sim500\mu m$ 范围内的称为毛细管孔隙，流体需要有超过自身重力的外力作用才能在孔隙中流动，一般砂岩孔隙属此类。此外，按照孔隙之间的连通情况也可分为：连通孔隙、死胡同孔隙、微毛细管束缚孔隙和孤立的孔隙 4 种。图 2.1 是我国部分矿区典型软岩微观组构照片。

图 2.1　我国部分矿区典型软岩微观组构照片

1. 我国膨胀性软岩的赋存特点

由于我国东部和西部地质环境和地质发展历史的不同，自上古代到中生代早期的构造活动、岩浆作用及成岩变质作用等均有很大的差异，因而我国东、西部的膨胀岩形成发育规律有很大不同，如东部三叠纪泥质岩类，在青海则成为板岩、片岩系。膨胀岩仅指那些能与水发生物理化学反应含水量增加体积增大的岩石。如图 2.2 所示是我国不同地区典型膨胀岩，具有这种性质的岩石，其成因是多种多样的。

图 2.2　不同种类膨胀岩

2. 沉积型泥质膨胀岩赋存特点

我国东部泥质沉积岩的地质时代从寒武纪（如华北地区寒武纪的馒头页岩）到晚第三纪的中新世，如北京西站地铁站天坛组泥岩（N_1），泥质沉积岩的岩石类型包括了各类泥岩、页岩、黏土岩，以及砂质泥岩、泥质砂岩。泥质岩的密度（容量）为 $2.05\sim$ $2.60g/cm^3$，岩石的单轴抗压强度从 $1.0\sim80MPa$，泥质岩的膨胀性也是极不相同的，从非膨胀性到剧膨胀性。我国东部上百个工程、上千组泥质岩浸水破坏试验的岩块干燥饱和吸水率的测定结果表明，并非上述地质时代所形成的泥质岩都具有膨胀性都属于膨胀岩，而只是那些形成的地质年代相对较新，绝大部分为中新生代的泥质岩。我国东部最老的沉积型泥质膨胀岩层的地质时代为上二叠纪晚期（P_2^1），即相当于华北地区的上石盒子组和石千峰组，其代表性的工程有山西引沁入汾工程的输水长隧洞、朔（州）港（黄华港）铁路山西宁武——原平间的长梁山铁路隧洞、徐州矿务局张小楼煤矿、张双楼煤矿等。上二叠纪以前的完整泥质岩，由于成岩程度较高，黏土矿物成岩转化显著，而不具有膨胀性不属于膨胀岩，另外还应指出的是，并非上二叠纪晚期至上第三纪早期所形成的泥质沉积岩都属于膨胀岩，而仅是其中的一部分或大部分，即属于那些弱和中胶结的泥质岩。强胶结的泥质岩如油页岩、硅质泥质和铁质泥岩，以及遭受过区域动力变质作用的泥质岩（已转化为板岩、片岩）则不具有膨胀性，属于非膨胀性地层。

大量的试验研究结果表明，在我国东部泥质岩分布区分布有三个显著膨胀性地层。

（1）上侏罗世（J_3）——下白垩世（K_1），泥质膨胀岩层，如平庄煤矿、元宝山露天矿、伊敏河露天矿、霍林河露天矿、长江葛洲坝工程二三江基础等。

（2）下第三纪泥质膨胀岩层，如山东龙口煤矿、沈北煤矿、河北冀州市热电厂、广东石鼓煤矿、吉林珲春煤矿、广州地铁等。

（3）上第三纪泥质膨胀岩层，如云南小龙潭煤矿、广西右江煤矿、南宁煤矿、南昆铁路、北京西站地铁站等三个膨胀岩地层的形成除了与形成的地质时代较新、成岩程度较低有关外，也与沉积盆地的碱性水地球化学环境有关。

上述三个膨胀岩地层具有蒙脱石含量高（有效蒙脱石含量超过10%），比表面积大，阳离子交换量高（>20mmol/100g），胶结程度低（胶结系数1~3），岩石含水率较高，强度低（单轴抗压强度<20MPa），崩解耐久性差，膨胀势高等一系列不良特征。它们是我国膨胀岩的主体，因而是我国膨胀岩的主要研究对象。

3. 低温热液作用下的膨胀岩赋存特点

火成岩通常是性质稳定的坚硬岩体，遭受低温热液作用的火成岩常常产生热液蚀变作用，从而造成岩石强度和风化耐久性的降低，但不同成分的火成岩体在低温热液作用下产生不同的蚀变作用。特别是中基性小型火成岩侵入体在热液作用下，由于辉石、基性中性斜长石的化学不稳定性而易于产生蒙脱石化作用（即辉石、长石转化为蒙脱石），尤其是在富镁的围岩环境（围岩为白云岩、白云质灰岩、白云质大理岩、辉长岩、辉绿岩等）下，低温热液作用常常产生强烈的蒙脱石化作用从而形成工程性质很差的膨胀岩，如湖北大冶铁矿露天矿东北帮的蒙脱石化安山板岩、辉绿岩，南京秦淮新河、南京梅山铁矿的蒙脱石化安山粉岩，山东三山岛金矿的蒙脱石化辉绿岩，沈北煤田前屯矿和大桥矿的蒙脱石化玄武岩。

我国东部沿海地区，地处环太平洋中新生代岩浆活动带，中基性浅成超浅成侵入岩体和伴生的低温热液蚀变作用、低温热液成矿作用比较发育，因此在我国东部工程建设和矿产资源开发中，常常会遇到这类膨胀岩的分布。

4. 蒙脱石化凝灰岩类膨胀岩

蒙脱石化凝灰岩为安山质火山灰在碱性水地球化学环境下，在成岩过程中经脱玻作用（脱硅作用）所形成的。蒙脱石含量超过 $8\%\sim10\%$ 的岩石便有显著的膨胀性，当蒙脱石含量 $>50\%$ 可成为有重要经济价值的膨润土矿床。在我国东部中新生代沉积盆地形成和发展过程中，由于环太平洋带的火山活动，在中新生代沉积岩的沉积过程中常常伴生有蒙脱石化凝灰岩夹层的分布，厚者可达数米或十多米，如鸡西矿务局的穆棱矿（当地俗称白泥）、抚顺西露天矿、龙凤矿，吉林省舒兰煤矿、蛟河煤矿、长春东郊石碑岭煤矿、四平的刘房子煤矿等。由于这类膨胀岩的不良工程特性导致巷道的变形破坏和露天矿边坡的不断滑动（如抚顺西露天矿西南帮的滑坡作用）。

5. 断层泥类膨胀岩赋存特点

断层泥是经构造剪切破坏和地下水的作用所形成的富含黏土矿物的一种断层岩，它除了具有强度低、变形量大等特性之外，在应力松弛条件下还具有显著的吸水膨胀特性，吸水后呈软泥状。断层泥与沉积型泥质膨胀岩的主要区别在于后者膨胀的先决条件是岩石预先风干失水，前者膨胀的先决条件是岩体的应力松弛，在我国东部中新生代构造活动的大中型断层剪切带往往都有断层泥的分布。由于其具有强度低、变形量大和吸水膨胀等不良工程特性，故常常导致工程的严重破坏（如吉林省梅河煤矿三井、抚顺西露天矿等）。

6. 含硬石膏、无水芒硝（Na_2SO_4）类膨胀岩赋存特点

这类膨胀岩与上述几类膨胀岩最主要的区别在于岩石的膨胀不是由于黏土矿物（主要是蒙脱石）的吸水膨胀造成的，而是由于某些不含水硫酸盐矿物吸水重结晶造成的。如硬石膏（$CaSO_4$）吸收 2 个水分子转化为石膏（$CaSO_4 \cdot 2H_2O$）体积增大（61%）；无水芒硝吸收 10 个水分子变成芒硝（$Na_2SO_4 \cdot 10H_2O$）体积增大9.8 倍并造成工程的严重变形，破坏我国成昆铁路的建设和运营，在四川南部和云南北部龙川江流域的 53km 白垩纪红色岩层中，遇到了含钙芒硝（$Na_2SO_4 \cdot CaSO_4$）和硬石膏的膨胀岩严重危害；在川南三峨山之南穿过三叠系嘉陵江统的白云岩层的百家岭隧道遇到了含硬石青的膨胀岩（最大膨胀力 1.35MPa，最大膨胀率135.8%）严重危害（道床底鼓、衬砌破坏）；在德国斯图加特市地下铁道的建设中亦遇到这类膨胀岩的工程问题，如 1952 年建成的北地铁，1970 年出现 110cm 的底鼓。

含硬石膏和无水芒硝类膨胀岩属深埋的硫酸盐型熬发岩，在成因上往往与盐岩、石膏岩等蒸发岩伴生。因此在含盐地层中进行岩石工程建设时，要注意查明这类蒸发岩的分布。由于硬石膏是由石膏经成岩脱水而成，石膏转化为硬石膏的深度常在地下 300～600m。由于地壳的上升和剥蚀作用，硬石膏还可被带到地表，但在地表环境下（150m 以内）硬石膏因水化而转化为石膏。因此硬石膏类膨胀岩通常分布在地下（300～600m 以下），我国含硬石膏岩地层主要的形成时代为中三叠纪（如四川盆地、湘那西）、白蟹纪（如云南、江西）和早第三纪（如珠江盆地、江汉盆地、衡阳盆地等），其次为华北地区的中奥陶世，特别是在山西境内的中奥陶统泥灰岩层中普遍有很厚的石膏和硬石膏分布。

总之各种成因类型的膨胀岩均是一定地质条件或一定地质作用的产物，它们都有自身的形成发育规律，因此它们的分布、性状和工程性质是可以预测的。对它们的研究结果（包括我国东部膨胀岩数据库）可以在岩石工程的规划、选址选线、勘察试验中有重要的参考咨询价值，有助于防止或避开膨胀岩及工程问题的发生。

我国东部沉积型泥质膨胀岩是膨胀岩的主体，东部最老的沉积型泥质膨胀岩层为上二叠统，最主要的三个膨胀性地层是：（1）上侏罗统——下白里统；（2）下第三系；（3）上第三系。它们具有蒙脱石含量高、性质软弱、膨胀势高等一系列不良性质，成为我国东部煤炭资源开发及铁路工程建设等重要的工程地质和岩石力学问题。大量的测试结果表明，浅埋的泥质岩（埋深<50m）由于岩体的卸荷和古风化作用的影响，泥质岩的性质有活化趋势，非膨胀岩可以转化为膨胀岩，弱膨胀可以变为强膨胀，这是泥质岩工程评价时必须要注意的问题之一。

2.4.3 节理型软岩的赋存特点

节理化软岩是指含泥质成分很少（或几乎不含）的岩体，发育了多组节理，其中岩块的强度颇高，呈硬岩力学特性，但整个工程岩体在工程力的作用下则发生显著变形，呈现出软岩特性。节理化软岩的塑性变形机制是，在工程力作用下，结构面发生滑移和扩容变形。此类软岩可根据节理化程度不同，细分为镶嵌节理化软岩、碎裂节理化软岩和散体节理化软岩。例如，我国许多煤矿的煤层巷道，煤块强度很高，节理发育很好，岩体强度较低，常发生显著变形，特别是发生非线性、非光滑的变形。根据结构面组数和结构面间距两个指标将其细分为三级，即较破碎软岩、破碎软岩和极破碎软岩，详见表 2.2。

节理化软岩的分级　　　　　　　　表 2.2

节理化软岩	节理组数	单位面积节理数 J_s（条/m²）	完整系数 k_v
较破碎软岩	1~3	8~15	0.55~0.35
破碎软岩	≥3	15~30	0.35~0.15
极破碎软岩	无序	>30	<0.15

注：表中 $k_v=(V_{pm}/V_{pr})^2$，V_{pm}——节理岩体弹性波纵波速度（km/s）；V_{pr}——完整岩块弹性波纵波速度（km/s）。

2.4.4　复合型软岩的赋存特点

复合型软岩是指上述三种软岩类型的组合，即：高应力—强膨胀复合型软岩；高应力—节理化复合型软岩；高应力—节理化—强膨胀复合型软岩。

参 考 文 献

[1]　何满潮，景海河，孙晓明. 软岩工程地质力学研究进展 [J]. 工程地质学报，2000，8（1）：46-62.

[2]　张娜，王水兵，赵方方，等. 软岩与水相互作用研究综述 [J]. 水利水电技术，2018，49（7）：1-7.

[3]　闫小波. 软岩各向异性渗透特征及力学特征的试验研究 [D]. 上海：同济大学，2007.

[4]　周应华，周德培，封志军. 三种红层岩石常规三轴压缩下的强度与变形特性研究 [J]. 工程地质学报，2005（4）：477-480.

[5]　周翠英，张乐民. 软岩与水相互作用的非线性动力学过程分析 [J]. 岩石力学与工程学报，2005，24（22）：6.

[6]　徐华，李天斌，肖学沛. 三峡库区安渡滑坡成因机制分析与稳定性预测 [J]. 水文地质工程地质，2005，32（4）：4.

[7]　何满潮，熊伟，胡江春，等. 松散软岩工程中的问题及对策 [J]. 采矿与安全工程学报，2005，22（2）：47-48.

[8]　何满潮. 中国煤矿软岩工程地质力学研究进展 [J]. 煤，2000（1）：6-11.

[9]　何满潮，邹正盛，邹友峰. 软岩巷道工程概论 [M]. 北京：中国矿业大学出版社，1993.

[10]　何满潮，景海河，孙晓明. 软岩工程力学 [M]. 北京：科学出版社，2002.

[11]　李洪志. 中国煤矿膨胀型软岩力学化学行为及支护对策研究 [D]. 北京：中国矿业大学（北京），1995.

[12]　张有瑜. 黏土矿物与黏土矿物分析 [M]. 北京：海洋出版社，1990.

[13]　GOKCEOGLU C，AKSOY H. New Approaches to the Characterization of Clay- bearing，Densely Jointed and Weak Rock Masses [J]. Engineering Geology，1999，58（1）：1-23.

[14]　HACHINOHE S，HIRAKI N. Rates of Weathering and Temporal

Changes in Strength of Bedrock of Marine Terraces in Boso Peninsula. Japan [J]. Engineering Geology an International Journal，2000，55 (8)：29-43.

[15] 何满潮. 煤矿软岩的粘土矿物成分及特征 [J]. 水文地质工程地质，1995 (2)：40-43.

[16] HE M C. Constitutive Relation of Plastic Dilatancy due to Weak Inter calations in Rock Masses [M]. Engineering Geology of Weak Rock. A. A, Balkema Press，1990.

[17] 曲永新，等. 煤矿泥质成岩胶结作用的工程地质研究 [M]//中国煤矿软岩巷道支护理论与实践. 北京：中国矿业大学出版社，1996.

[18] SCHULTZ R A. Limits on Strength and Deformation Properties of Jointed Basaltic Rock Masses [J]. Rock Mechanics and Rock Engineering，1995，28 (1)：1-15.

[19] 曲永新. 中国东部膨胀岩的地质分类及其分布规律的研究 [C]//中国岩石力学与工程学会第三次大会，1994.

第3章

水岩相互作用分类

　　水岩相互作用在自然界中广泛存在，其既是力学和地球科学研究的前沿课题，也是岩土体稳定性研究程度最高的领域之一。地下水与岩土体的相互作用分为 3 种，即力学作用、物理作用和化学作用。水岩相互作用总结为以下几种：岩土软化、渗压效应、渗透潜蚀、水力冲刷，以及岩土失水固结、干裂和崩解。

3.1　力学作用

　　水对岩石的力学作用主要是指通过孔隙静水压力和孔隙动水压力作用来影响其力学性质。孔隙静水压力对岩石力学效应的影响可以通过有效应力原理来分析，即：如果岩石中的孔隙水在外荷载（工程力）作用下难于排出或者完全不能排出，则孔隙中的水压力会急剧升高，从而产生很大的超静孔隙水压力，在此作用下，岩石中的固体颗粒或颗粒骨架所能承受的有效应力会减小，从而导致岩石的强度随之降低。此外，在孔隙静水压力作用下，一些软岩由于具有大变形能力，可能会使得其发生扩容变形，进一步增加软岩中的含水量，从而不断降低岩石强度，直至破坏。然而，孔隙动水压力则是通过对岩土体产生切向的推力以降低岩土体的抗剪强度。一方面，在孔隙动水压力作用下，岩体中的细颗粒或者一些可溶性物质产生运移和溶蚀作用，甚至会被携带出岩体外，从而在岩体内形成流水通道的过程，称为潜蚀；另一方面，在动水压力足够大时，岩体中的松散物质在动水压力作用的通道中流动，并被悬浮冲走而发生渗透破坏，称为管涌。毫无疑问，这种力学作用是导致岩石发生变化破坏的一个主要原因。随着研究的深入，水岩相互作用不仅只是通过有效应力原理简单考虑的力学作用，而且还有更为复杂的物理、化学作用。

3.1.1　水岩力学作用概述

由于地下水在岩体中的赋存和运动形式不同，表现出不同的力学状态和计算方法，实际岩体中的地下水压力包括静水压力和动水压力。

静水压力是对孔隙水压力、裂隙水压力及浮托力的总称，是岩土体孔隙、裂隙和空洞中的地下水静力传递自重至岩体结构面上的力，任一单位面积上所承受的静水压力为：

$$P_w = \gamma_w H \tag{3.1}$$

式中，γ_w 为水的重度；H 为水头高度；P_w 的方向垂直于岩体结构面，属于面力。

静水压力是指岩土体内部各种孔隙中的地下水以静水或传递自重应力作用于岩土体上的力，又称孔隙水压力。孔隙水压力作用主要是减少边坡土体在潜在破坏面上的正应力，并产生侧向静压力，使岩土体的有效重量减少。基于太沙基有效应力定律提出的孔隙水压力效应的阐述："降雨期间或降雨之后斜坡岩土体内孔隙水压力的升高使得潜在滑动面上的有效应力及抗剪强度降低，从而诱发滑坡"，可以有效解释孔隙水压力在滑坡地质灾害发生过程中的力学机制。

当岩上孔隙为重力饱和时，水对固体骨架产生一种正应力，其矢量指向孔隙壁面，此即孔隙水压力。由于重力水服从静水压力分布规律，故孔隙水压力值是由水头所决定的，地下某点孔隙水压力 p_w 之值为：

$$p_w = \rho_w g h \text{ 或 } \gamma_w h \tag{3.2}$$

式中，ρ_w 为水的密度；g 为重力加速度；h 为水头高度。

孔隙水压力对岩土骨架起浮托作用（悬浮减重），从而消减了通过骨架起作用的有效应力，其关系式为：

$$\sigma' = \sigma - p_w \tag{3.3}$$

式中，σ' 和 σ 分别为有效应力和总应力。

显然在饱和岩土体中，当总应力一致时，孔隙水压力的增减，势必相应地增减有效应力，从而影响岩土体的强度和稳定性，这就是有效应力原理。孔隙水压力对岩土体强度的影响，可以用莫尔-库仑破坏准则来描述：

$$\tau_f = (\sigma_n - p_w)\tan\varphi + c \tag{3.4}$$

式中，τ_f 为抗剪强度；σ_n 为正应力；c 为黏聚力；φ 为内摩擦角。

由于孔隙水压力的存在消减了有效正应力，使潜在滑面上抗剪强度降低，以致失稳滑动，可以用图 3.1 的莫尔强度包络线图清楚地表示出来。由于 σ_1 和 σ_3 都受 p_w 的消减，莫尔圆大小不变而向左移动与强度包络线相切而发生破坏。

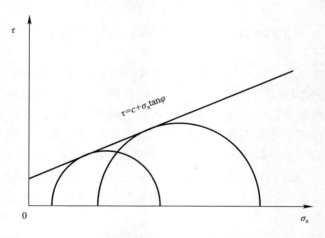

图 3.1　莫尔强度包络线

动水压力指由于地下水的水力梯度使地下水在运动过程中施加于岩土体的力，也称渗透压力，属于体积力。单位体积岩体上的动水压力 D 为：

$$D = \gamma_w V I \tag{3.5}$$

式中，D 为动水压力；γ_w 为水的重度；I 为水力梯度；V 为渗流体积。

动水压力反映地下渗流在渗透过程中总水头损失的那一部分孔隙水压力转化为作用在水流方向中的有效压力，是一种体积力，D 的方向与渗流方向一致，对变形体产生强推力，并在一定条件下引起渗透破坏。降雨或水库泄洪均可迅速抬高边坡坡体后缘的水位，而前缘的水头则变化缓慢，使得坡体中的水头差增加，造成较大的动水压力作用，促进边坡滑动。

水压力对裂隙岩体的作用主要表现在如下几方面：（1）降低裂纹面上的正压力，减少摩阻力，进而产生对裂纹尖端应力强度因子的影响；（2）孔隙水压力的"楔入"作用，推动了裂纹的扩展过程，使岩体产生渐进性破坏；（3）在动水压力作用下，边坡中某些岩土体软弱结构面以及岩体中某些接触面上的颗粒被渗透水冲刷转移，使岩土体产生渗透变形、强度降低而变形破坏。

水-岩之间的力学作用反映水对岩石的强度、变形和渗透性的影响。岩体内部孔隙水渗透过程及其孔隙水压力的存在使得岩体的力学性质异常复杂。大量的岩土和大坝工程灾害大多都与岩体及混凝土内部原生裂纹扩展及裂隙水压密切相关。

3.1.2　水岩力学作用对岩石强度的影响

1. 孔隙水压力对岩石强度的影响

为探究孔隙水压对页岩力学特性的影响，分别对比了孔隙水压作用前后，同种页岩在不同工况下的各种力学参数；在进行三轴压缩试验之前，先对页岩试件饱水处理，避免页岩试件内部孔隙吸水对试验造成巨大误差，处理方式均为用真空保水机抽真空，然后饱水 24h 后，再取出用水浸泡规定的时间。最后再根据不同的围压和孔隙水压进行相关的三轴压缩试验。图 3.2 为页岩在孔隙水压力影响下的应力-应变曲线。

图 3.2 分别为页岩在围压 10MPa、20MPa，孔隙水压 0MPa、5MPa 和 15MPa 组合下的应力应变结果。在围压为 10MPa 时，孔隙水压为 0MPa 对应的偏应力峰值为 99.45MPa，孔隙水压为 5MPa 对应的偏应力峰值强度为 81.86MPa，强度峰值下降了 17.6%。同种试件在围压为 20MPa，孔隙水压为 15MPa 组合下，

偏应力峰值下降了 30.8％。因此，页岩试样研究表明：在同种围压作用下，孔隙水压会降低页岩的抗压强度，孔隙水压越大，抗压强度相对未受孔隙水压作用时降低得更多。在相同围压下，孔隙水压力越大，弹性模量和泊松比越小。

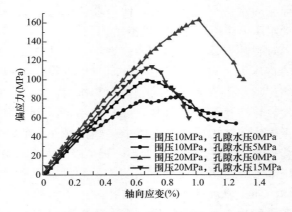

图 3.2　页岩在孔隙水压力影响下的应力-应变曲线

2. 孔隙水压力对岩石弹性模量的影响

弹性模量的测试结果表明，在单轴试验条件下，弹性模量依赖于孔隙水压力，并随孔隙水压力的增加呈线性关系衰减，而在有围压时，弹性模量衰减变缓。实际上，弹性模量与孔隙水压力、围压都有关系。通常，弹性模量与孔隙水压力之间的变化关系不遵循线性规律衰减。对不同围压和孔隙水压力作用下加载过程中的砂岩弹性模量进行统计，如图 3.3 所示。

（1）不同孔隙水压力的砂岩试样，在加载过程中，初始围压越大，砂岩的弹性模量越高，这符合以往类似试验的规律。

（2）在相同初始围压情况下，随着孔隙水压力的增大，砂岩的弹性模量呈逐渐减小趋势，不同围压下的弹性模量变化趋势基本一致，总体可以用二次函数较好地拟合。其中，孔隙水压力从 0MPa 增大到 0.3MPa 时，不同围压下砂岩的弹性模量降低了 2.77％～7.55％；孔隙水压力增大到 0.6MPa 时，各围压下砂岩的弹性模量降低了 8.41％～12.28％；孔隙水压力增大到 0.9MPa

时，各围压下砂岩的弹性模量降低了 11.56％～15.87％；孔隙水压力增大到 1.2MPa 时，各围压下砂岩的弹性模量降低了 12.47％～22.75％；比较而言，孔隙水压力越大，弹性模量降低越明显，而且围压越小，相同的孔隙水压力增量，弹性模量下降的趋势越明显。

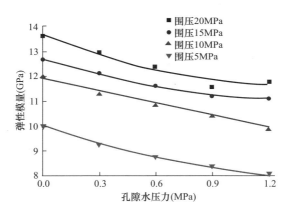

图 3.3　弹性模量与孔隙水压力之间的变化关系

3.1.3　水岩力学作用对岩石变形的影响

由于岩石组成成分的差异，岩石浸水后会体现不同的特征。在将兰州红砂岩试样浸水后，不同浸水时间下红砂岩的崩解表现出不同的性状，在岩样刚被放入水中时，岩样表面均未发生裂隙，且不发生崩解，说明兰州红砂岩的崩解速度并不是十分迅速。但是在放入水中 10min 左右后，红砂岩的岩体表面涌出气泡，有些气泡会附着于岩样本身。随浸泡时间的增加，岩样开始缓慢出现变化。图 3.4 分别为浸水时间 2h、4h、6h、8h 与 12h 下的红砂岩崩解形态。

如图 3.4(a) 所示，在浸泡 2h 后，红砂岩试样顶部出现裂隙，裂隙长度约 10～15mm，张开度约 1～2mm，岩样略微出现层状张开，整体未出现大剥落，顶端棱边处出现岩块崩落，崩解物为块状与少量表面细颗粒，处于崩解状态与大块崩解状态之间。

(a) 浸水时长2h

(b) 浸水时长4h

(c) 浸水时长6h

(d) 浸水时长8h

(e) 浸水时长12h

图3.4　红砂岩浸水后的崩解形态

随着浸水时间的增长，如图3.4(b)所示，浸水 4h 后，岩样出现多条大裂隙，贯穿岩样上部，裂隙长度约为 50～60mm，张开度约为 2～3mm，岩样出现层状张开，且张开部分已经崩落，取出后用手轻抚便从试样脱落，说明此时红砂岩虽然还可以保持形状，但是主要靠重力来支撑，崩解部分之间的黏聚力已经丧失。崩解物为少量颗粒与块体，处于大块崩解状态。

当浸水时间达到 6h 后，如图 3.4(c) 所示，岩样整体被裂隙贯通，整体随着裂隙张开、散落，崩解物多为块体与颗粒。从水中取出后，崩解形成的块体同样很难保持自己的形状，内部黏聚力下降，用手触碰试样，表面的颗粒会发生脱落，岩样软化明显，处于小块崩解状态。

在浸水时间达到 8h 后，从图 3.4(d) 可以看出，岩石下部已经完全崩解为颗粒，上部岩石出现大量裂隙，整体十分松散。若受到外界影响，上部会垮塌，崩解物为小块与颗粒，处于粒状崩解状态。

浸水 12h 后，从图 3.4(e) 可以看到，整体岩块分崩离析，因重力原因塌落，整体崩解物表现为散体的形状，仅存在少量块状崩解物，大部分以颗粒的形态沉淀于水底。此时，崩解已经基本完成，岩样已经完全失去本身的形态，呈粒状崩解的特征，处于渣状崩解状态。

从试验结果上看，兰州红砂岩的崩解是一个随时间变化、渐进的过程。在崩解初期，岩样在水的作用下出现小裂隙，裂隙面上的块体崩落。随着时间的增加，裂隙萌生，并贯通至岩样全身，使岩样失去本身形态，在裂隙交叉贯通处，岩样被切割成大块状，并伴随着裂隙面上的颗粒脱落。之后大块状崩解物上同样出现裂隙，由于小裂隙的萌发，大块崩解物被裂隙贯通，形成小块状崩解物，随着时间的流逝，周而复始，岩样最终被崩解分割为小颗粒。

在岩石浸水后，水进入到微裂隙和孔隙中去，在外部应力场的作用下，以孔隙水压力的方式叠加到外部应力场上，对岩石产生力的作用。水对受力岩石产生力学效应，受岩石含水率的制约。

3.1.4　水岩力学作用对岩石渗透性的影响

目前研究岩石渗流规律的方法有稳态法、非稳态法、毛细管平衡法、平板模型法等。稳态法是通过加压将流体注入岩芯内，直至达到平衡，通过启动压力梯度来评价储层岩石的渗流特征。但该方法达到稳定的时间较长，且渗流过程中很难实现对流量的精准控制，因此应用较少。非稳态法分为两种，即压差-流量法和非稳定法。前者是通过压力梯度和流量的关系来评价流体在岩芯中的渗流过程，由于试验中流量的控制和压差的测定误差较大，导致测量结果精度较低；后者是利用较高的压力和温度将流体注入岩芯内，待平衡后，再通过降压或降温使流体排出，试验过程中连续记录入口端的压力变化，以此来获得岩石的渗流特征。后者的测量结果较压差-流量法精度高，但由于全过程需要连续记录数据，因此对试验设备要求较高。毛细管平衡法是利用连通器原理获得最小启动压力，通过启动压力梯度、渗透率、流体黏度等的关系来描述渗流特征。吕成远等首次将毛细管平衡法应用到低渗储层岩石渗流特征的研究中。平板模型法是在压差-流量法的基础上发展起来的一种新方法，能更好地反映出流体在二维方向上的非线性渗流规律。

岩石的渗流特征研究是涉及流体力学、岩石力学等学科的复杂问题，起初对岩芯渗流的研究仅仅是通过渗透率、流体饱和度、渗流量等参数来间接反应，而流体在岩芯中的渗流过程及不同孔隙的分布状况仍然是未知的。现阶段很多研究是通过核磁共振技术观测岩芯内流体的分布状况。

王红川认为地下水对滑坡岩土体的力学作用表现为渗压作用，而岩体结构面上渗压主要是通过降低有效应力来降低结构面的抗剪强度的。通过将雨水渗入边坡后导致的孔隙水压力代入天然状态下滑带的抗剪强度公式，推导出了边坡滑带的实际抗剪强度公式，并得出边坡岩土在地下水的作用下抗剪强度、内摩擦角及黏聚力会有明显地降低。

目前，岩石渗流-应力耦合（H-M）模型主要包括三大类，即：等效连续介质模型、裂隙网络介质模型、多重介质渗流模型。

（1）等效连续介质模型。该模型把裂隙渗流平均到岩体中，可用经典的孔隙介质渗流分析方法，使用上极为方便。对于岩体稳定渗流，只要岩体渗流的样本单元体积（REV）存在且不是很大，应尽量采用等效连续介质模型作渗流分析。

（2）裂隙网络介质模型。认为水由一个裂隙流向与之相交的另一个裂隙，在搞清每条裂隙的空间方位、隙宽等几何参数的前提下，以单个裂隙水流基本公式为基础，利用流入和流出各裂隙交叉点的流量相等来求其水头值。这种模型接近实际，但处理起来难度较大且数值分析工作量大。

（3）多重介质渗流模型。除裂隙网络外，还将岩块视为渗透系数较小的渗透连续介质，研究岩块孔隙与岩体裂隙之间的水交换。这种模型更接近实际，但数值分析工作量也更大。

3.1.5　水岩力学作用对地质环境的影响

地下水对岩土体强度的影响主要有三方面：（1）地下水通过物理、化学的作用改变岩土体的结构，从而改变岩土体的 c、φ 值；（2）地下水通过孔隙静水压力（P）作用，影响岩体中的有效应力而降低岩土体的强度；（3）地下水通过孔隙动水压力的作用，对岩土体施加一个推力，即在岩土体中产生一个剪应力，从而降低岩土体的抗剪强度。

库区水岩力学作用与岩土环境变化和岩土干湿状态的变化，产生水岩作用，是库区地质环境变化的决定因素。水岩作用主要包括以下几种。

1. 岩土软化

在水的作用下岩石单轴抗压强度的下降称为软化（严格地说应称为弱化），用强度软化系数表征。大量统计资料表明：具有高强度的结晶岩阻抗水岩作用能力强，强度软化系数高，达 0.9 以上；中强度的钙质、硅质胶结岩石强度软化系数较低；低强度的泥质胶结岩石易受水弱化，软化系数在 0.7 以下；一些构造岩、风化岩，其胶结受到破坏，或某些胶结极为不良的松散岩类，软化系数可降到 0.5 以下。因此、不同胶结程度及不同强度的岩石对水岩作用的敏感度不同。

土的水理敏感性高。某些大孔隙土，如黄土具有很强的湿陷性，在干燥时有较高强度，而在水中其强度大幅度丧失。软弱夹层的抗剪强度在水的作用下也有所降低。原生层状软弱层的水理敏感性较弱。受到构造错动影响的泥化夹层，水的弱化作用便很突出。

2. 渗透潜蚀

在松散破碎岩体或软弱夹层中，伴随渗压及渗流水力梯度的增加，在渗流动力作用下细颗粒物质产生运移下陷，甚至被携带出岩土体外，这种现象称为潜蚀。在高渗压作用下，局部或相当一部分松散物质被悬浮冲出，称为管涌。潜蚀及管涌的临界渗压梯度是评价岩土介质渗透稳定性的标志。

3. 水力冲刷

受地表水冲刷造成的岩土失稳运动与水流速度、水流冲击力，以及水入射流和岩土受冲面夹角关系等因素有关。水库岸边岩石受到浪蚀，在近坝库区岸边可能有平行岸坡水流的侵蚀，而在大坝溢流段下游可受到冲蚀。岩土对水流冲刷的阻抗能力与岩土的胶结性状、完整性，以及岩土力学强度有关。在冲刷过程中岩土的水理弱化也是冲刷发展的重要因素。

4. 岩土失水固结、干裂和崩解

在饱水后岩土软化及崩解、湿陷等，均为岩土的水理作用，而失水固结、干裂等变形则是水岩的逆反作用。岩土在饱水过程中受到水岩作用，性能有所弱化，饱水后失水不能完全可逆，有时还产生进一步的恶化过程。因此，水库水位周期变化引起水岩反复交替变化作用，促使库区地质环境的剧烈变化。

水库周边由于多种水岩力学作用的结果引起岩土环境系统的变化和扰动，与水环境系统的变化共同作用，引起水库的环境影响问题。

5. 管涌

"管涌"现象是指土体中可动细颗粒在骨架孔隙中的运移流失过程。管涌是涉及孔隙水渗流、可动细颗粒侵蚀运移、多孔介质变形等众多复杂力学行为的多相多场耦合现象：孔隙水渗流冲刷侵蚀土骨架产生可动细颗粒，可动细颗粒跟随孔隙水渗流运移流失，土颗粒重新排列、沉积，导致土体细观结构和力学特性发生改变，如孔隙率、渗透系数、刚度及抗剪强度的不均匀变化等。土体渗透性的不均匀变化导致孔隙水压力发生变化。由于土体一般处于三向受压状态，根据有效应力原理，土骨架承受的有效应力必将随着孔隙水压力的变化而变化，进而导致土体内部应力状态的变化，应力状态的改变反过来再次影响渗流场分布及其对土骨架的侵蚀作用，即管涌发展过程肯定伴随着孔隙水渗流—可动细颗粒侵蚀—多孔介质应力状态的不断调整变化。

以泥石流启动为例，介绍水岩力学作用对岩土体的影响。在泥石流启动过程中，水岩力学作用主要包括静水压力作用、渗透潜蚀作用和浮托作用等。在上述力学作用下，松散岩土体将发生管涌、流土、接触冲刷和水化散体等破坏，与水流混合启动泥石流。

雨水渗入松散岩土体内部，首先对岩土体形成静水压力作用，即在孔隙结构面上形成法向应力，使岩土体孔隙扩张，增大孔隙的张开度及长度，从而导致孔隙率升高，渗流速度加快，动水压力增加，搬运能力变大，促进水岩进一步混合。动水的渗透潜蚀作用是渗流在岩土体孔隙上的切向拖曳力，使岩土颗粒在渗透方向上发生变形和位移，增加岩土体的透水性和渗透速度。浮托作用是渗入岩土体内部的水对颗粒产生的浮力作用，导致岩土颗粒更易于被水流搬运。渗透潜蚀作用与浮托作用相配合，促使细小颗粒悬浮并发生位移，造成岩土体孔隙率增大，渗流速度加快。

水与细颗粒混合后形成的固液混合流重度变大，浮托力与搬运力随之增加，粗颗粒物也开始以跃移或推移的形式被搬运移动。这就导致孔隙的进一步加大，水岩混合程度加强，对更粗大的砾石形成强有力的浮托和搬运，启动泥石流。

水岩力学作用是洪水动力型泥石流启动的关键作用。当崩滑堆积物形成的堰塞坝体颗粒粗大，孔隙率高时，水流在堆积物内部渗流相对通畅，由坝体上下游之间的水头差形成的潜蚀作用和浮托作用导致坝体下游底部岩土体形成管涌、流土破坏，进而顶部土体向下坍落，从而启动泥石流。当崩滑堆积物形成的坝体颗粒相对细小时，岩土体渗透性差，对上游洪水形成很强的阻塞和抬升作用，坝体内部形成明显的静水压力，同时洪水位逐渐抬升漫过坝顶，对坝体下游顶部岩土体形成强烈的冲刷侵蚀，导致坝体下游顶部岩土体出现接触冲刷和水化散体破坏，并向下滑塌，从而启动泥石流。

3.2 物理作用

　　水岩物理作用主要是指水通过对岩石软化、泥化、润滑、干湿和冻融等过程，从而改变岩石的物理力学性质，使岩石固有的力学特性劣化。岩石软化是指在岩石浸水后强度降低的特性；岩石泥化则是指含有泥化夹层等充填物的岩石遇水之后发生的由固态转向塑态，之后直至液态的弱化效应；岩石润滑是可溶盐、胶体矿物联结的岩石，当有水浸入时，可溶盐溶解，胶体水解，使原有的联结变成水胶联结，导致矿物颗粒间联结力减弱，摩擦力降低；岩石的干湿和冻融分别是岩石经受外界湿度和温度变化的一个过程。一直以来，国内外对水岩物理作用研究比较多，这些研究最后都得出一个结论：物理作用对岩石力学性质的影响，主要与温度和湿度有很大关系，且一部分是可逆的，另外一部分是不可逆的。

3.2.1 物理作用简介

　　物理作用主要包括润滑、软化、泥化、干湿循环、冻融循环等过程。物理作用对岩石的损伤效应一部分是可逆的，如煤田基岩风化带的砂、泥岩风干失水后，强度逐渐增高；另一部分是不可逆的，如页岩、泥岩遇水崩解等问题。

　　岩石的软化性为岩石浸水后强度降低的特性。地下水对岩土体的软化作用主要表现在对土体和岩体结构面中的充填物的物理性状的改变上，土体和岩体结构面中的充填物随含水量的变化，发生由固态向塑态直至液态的弱化效应。软化作用使岩土体的力学性能降低，黏聚力和摩擦角减小。

　　岩石软化性常用软化系数来衡量。软化系数定义为岩石吸水状态下的抗压强度与自然风干状态抗压强度的比值，工程上对软化系数关注较多。根据相关资料可知，岩浆岩天然重度平均值变化范围 2.560～2.845kN/m³，吸水率平均值变化范围 0.335%～1.069%，软化系数变化范围 0.619～0.803；沉积岩天然重度平均值变化范围 2.478～2.703kN/m³，吸水率平均值变化范围 0.652%～4.195%，软化系数变化范围 0.619～0.754；变质岩天然重度平均值变化范围 2.627～2.714kN/m³，吸水率平均值变化范围 0.252%～1.413%，软化系数变化范围 0.590～0.860。由此可见，不同岩石的天然重度、吸水率和软化系数的区间重叠都较大。

尽管如此，岩石软化系数 η、天然重度平均值 γ 与吸水率平均值 ω 仍具有一定相关性，说明不同岩石的遇水软化特性与其某些物理指标有关：天然重度平均值一定程度上反映出岩石的孔隙率，显然吸水率多少与孔隙率有关，所以不同岩石天然重度随着吸水率增大而降低；而统计研究表明：岩石强度与孔隙率相关，孔隙率间接反映出岩石吸水的能力，吸水能力强的岩石受水的侵蚀作用较大，软化系数的大小受到吸水率的影响。

润滑作用：处于岩土体中的地下水，在岩土体的不连续面边界（如未固结的沉积物及土壤的颗粒表面或坚硬岩石中的裂隙面、节理面和断层面等结构面）上产生润滑作用，使不连续面上的摩阻力减小和作用在不连续面上的剪应力效应增强，结果沿不连续面诱发岩土体的剪切运动。这个过程在斜坡受降水入渗使地下水位水升到滑动面以上时尤其显著。地下水对岩土体产生的润滑作用反映在力学上，就是使岩土体的内摩擦角减小。

干湿循环和冻融循环分别是岩石经受外界湿度和温度变化的一个过程。膨胀土含有蒙脱石、伊利石等亲水性的黏土矿物，具有比一般黏土更为显著的遇水膨胀、失水收缩的特性。因此，在夏秋季节的干湿循环作用下，膨胀土含水率会发生较大的变化，使其自身体积发生改变，进而引发膨胀土边坡失稳、渠道渗漏等一系列工程问题。而对于位于季冻区的膨胀土，在冬春季节还将经历冻结和融化作用（冻融循环作用），膨胀土的水分会产生相变，导致其体积发生改变，也可能影响工程的正常运行。因此，干湿与冻融循环作用对软岩特性的影响具有重要意义。

3.2.2　干湿循环作用下岩石损伤特性

在实际工程中，岩石和水之间的相互作用不仅仅涉及水的浸泡和吸收。许多岩基工程结构面临着复杂多变的自然环境，如频繁的降雨和蒸发、地下水位的升降和库区水位的波动。由于这些过程，岩石受到干湿条件的交替作用，并经历反复的吸水和脱水步骤。岩石是一种多孔材料，具有许多孔隙、裂缝和其他缺陷。由干湿循环引起的岩体力学性能恶化、强度衰减和变形增加均来自这些原始缺陷。岩石微观结构变化的宏观表现是其力学性质在干湿循环后的衰减。因此，从宏观和微观的角度对干湿循环对岩石的弱化作用进行了深入研究，这对于全面了解岩石反复吸水和失水后力学性质的衰减具有重要意义。

不同干湿循环作用次数的岩石的应力-应变曲线形态基本一致，各试件基本都遵循典型岩石应力-应变关系曲线各发展阶段；在单轴压缩试验中，试样在到达峰值强度后应力跌落很快，具有一定的脆性特征，而且在干湿循环作用初期表现得特别明显；随着饱和失水循环次数增多，应力-应变曲线变缓，压密段长度变长，屈服阶段也逐渐变长，岩样的塑性性质明显增强。具体分析如下：

（1）在压密阶段，岩石随着干湿循环次数的增加，应变逐渐变大，应变变化比较明显。这是由于干湿作用造成了岩样内部孔隙的增多，并逐渐形成贯通裂缝，所以压密阶段所占的比例越来越高。

（2）在线弹性阶段，可以看到随着干湿循环次数的增加，弹性变形阶段在全过程曲线中占比是越来越少，变得越来越不明显，这就意味着干湿循环对岩石的劣化效应逐渐明显。这是由于干湿循环造成孔隙数量增多，体积也相应变大，岩样内的黏性物质变少，黏结度变低，在发生弹性变形后就产生新的裂隙，进入塑性阶段。

（3）在压密阶段，随着干湿循环次数的增加，塑性阶段在全过程曲线中占比逐渐变大，压密逐渐明显，峰值强度越来越低，说明此阶段受干湿循环影响较大。这是由于干湿循环次数的增加，导致岩样内软化的硬岩增多，此阶段曲线逐渐变缓。

（4）在破坏阶段，随着干湿循环次数的增加，此阶段曲线也逐渐变缓，变形量也随之增大，强度急剧下降，这是由于岩样内部发生了宏观裂纹。

不同干湿循环作用次数的岩石的应力-应变曲线中弹性变形段的斜率差别较大，干湿循环次数越多，弹性变形段的斜率越小。

岩石经过干湿循环作用后，在单轴压缩试验条件下的破坏特征图（图 3.5）是可以根据单轴压缩过程中的应力-应变关系曲线及其受力过程中的裂隙发展过程和过程中的破坏面来进行分析的，如图 3.6 所示。

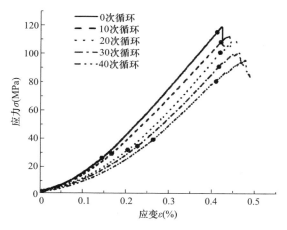

图 3.5　不同干湿循环次数下砂岩应力-应变曲线

岩石随着干湿循环作用次数的增加，单轴压缩所产生的裂缝数目和规模越来越大，破碎程度也在加剧，由单一的轴向拉伸劈裂到剪切劈裂，最后向混合劈裂模式转变。

对岩石进行单轴拉伸试验的目的主要是测定不同干湿循环次数下岩石的抗拉强度，试验采用国际岩石力学学会推荐的夹具劈裂试验方法。根据劈裂试验抗拉强度成果绘制出岩石单轴抗拉强度与干湿循环次数的关系图，如图 3.7 所示。由图 3.7 可知，岩石的抗拉强度与干湿循环次数呈负相关关系。

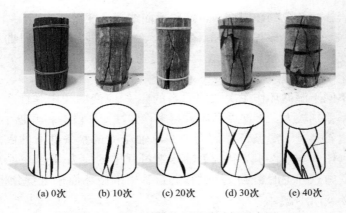

(a) 0次　　(b) 10次　　(c) 20次　　(d) 30次　　(e) 40次

图 3.6　岩石单轴抗压试验破坏形态图

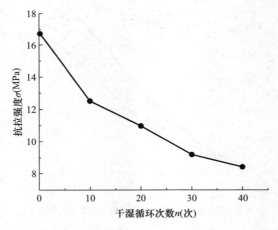

图 3.7　岩石单轴抗拉强度与干湿循环次数的关系图

　　岩石在劈裂试验中的破坏形态如图 3.8 所示，随着干湿循环次数的增加，断裂方式从一开始基本沿轴线位置破裂，逐渐慢慢偏心破坏。这可能是由于前期孔隙少，抗拉强度高，应力集中，但随着干湿循环次数的增加，岩样中一部分孔隙形成了连通通道，会形成多个胶结程度差的薄弱部分，最后在劈裂试验作用下，应力分散，破裂就会在薄弱部分先发生剪切破坏，形成偏心的裂纹。

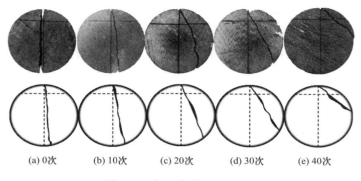

(a) 0次　　(b) 10次　　(c) 20次　　(d) 30次　　(e) 40次

图 3.8　岩石劈裂破坏形态图

在微观方面，由岩石初始状态可以看到主要是小孔隙主峰，而大孔隙次峰并不明显，说明岩石初期内部孔隙大多都是小孔隙。如图 3.9 所示，在干湿循环作用初期，可以看到大孔隙次峰逐渐明显突出，T_2 谱曲线整体向右移动。在干湿循环中期形成大孔隙速率特别快，也同时注意到在干湿循环时期，随着干湿循环次数的增加，T_2 在 $0.01{\sim}1\text{ms}$ 的微小孔隙在增加，也说明了在此阶段不仅形成大孔隙的速率在增加，而且新形成小孔隙的速度也在增加。从岩石干湿循环阶段后期的 T_2 谱变化情况可以明显看到 T_2 谱曲线的走势为整体向右移动的，主峰和次峰变化逐渐变弱，谱峰面积在慢慢增大，说明岩石内部逐渐形成大孔隙是由于随着干湿循环次数的增加，绿泥角闪岩中可溶物质的减少和内部裂隙基本已经贯通，产生大孔隙和小孔隙的速率就会慢慢减弱，因此 T_2 谱增长幅度减小。

对不同循环后岩石的扫描电子显微照片进行初步观察，考虑到样品用于比较干湿循环对岩石孔隙结构的影响，使用相同的放大倍数生成 SEM 图像。图 3.10 显示了不同干湿循环次数后岩石试样的 SEM 图像（放大 200 倍和 1500 倍的 SEM 图像分别列在左侧和右侧）。经过不同次数的干湿循环后，岩石样品的 SEM 特征和结构发生了显著变化。

图 3.10 中的多组 SEM 图像显示，随着干湿循环次数的增加，岩石微观结构逐渐从整齐致密到无序再到浑浊结构。孔隙的大小、

形状和分布也发生了明显的变化。当岩样不吸水时，颗粒的微观结构轮廓清晰，分布均匀，没有明显的重叠。水-岩相互作用后，岩样表面的微观结构不再致密、均匀，颗粒形状逐渐由块状、扁平演变为絮状、无序。当干湿循环次数达到 10 次时，岩石的微观结构与自然状态相比发生了显著变化。原来的小孔隙逐渐渗透并合并成大孔隙，颗粒形态也从清晰、整齐、致密的边缘转变为泥浆形成。此外，岩石的孔隙度不断增加。

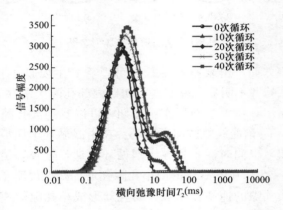

图 3.9　岩石不同干湿循环次数饱和后的 T_2 谱

(a) 0次干湿循环

(b) 10次干湿循环

图 3.10　不同干湿循环次数后岩石试样的 SEM 图像

　　利用 NMR 技术测量三块绿泥角闪岩在饱水失水循环后的孔隙度变化，每块岩样在干湿循环后的孔隙度变化值如表 3.1 所示，岩样核磁孔隙度随干湿循环次数变化曲线如图 3.11 所示。

　　从表 3.1 中可以看出，绿泥角闪岩的最初孔隙度平均值是 0.55%，在经过 10 次干湿循环后，孔隙度增长到 0.64%，增长了 16.36%；经过 20 次干湿循环后，孔隙度增长到 0.81%，增长了 26.56%；随着干湿循环次数的增加，干湿循环 30 次和 40 次后，绿泥角闪岩的孔隙度为 0.88%、0.92%，分别增长了 8.64%、4.54%，可以表明绿泥角闪岩孔隙度随干湿循环次数的增加而增加，但是孔隙度的增长幅度是先减小再增大最后趋于平缓。

干湿循环后岩样孔隙度变化　　　　　　　　表 3.1

岩样编号	孔隙度 ϕ（%）				
	0 次	10 次	20 次	30 次	40 次
C1	0.56	0.62	0.85	0.90	0.94
C2	0.58	0.59	0.76	0.84	0.89
C3	0.51	0.71	0.82	0.90	0.93
平均值	0.55	0.64	0.81	0.88	0.92

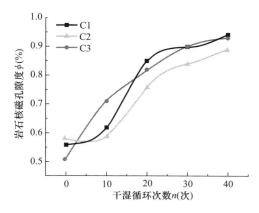

图 3.11　岩样核磁孔隙度随干湿循环次数变化曲线

　　岩石中主要有两种水的存在方式，一种是以自由流体的形式存在，可以在毛管力和黏滞力的作用下在孔隙中流动，称为可动流体；另一种是以束缚流体的形式存在，主要依附在孔喉很小的孔隙中和吸附在孔隙的表面，在一般情况下，不易流动和消失，称为束缚流体。在岩石储层评价中，束缚水的存在极大地阻碍了渗流通道，不易储存物质，束缚水越少，说明岩层的储集性越好。但在分析绿泥角闪岩细观损伤时，发现损伤不仅与孔隙度的变化有关，与可动流体的含量也同样存在很大的关系，为了更好地研究绿泥角闪岩在干湿循环作用下的可动流体饱和度的变化，在每一阶段干湿循环试验后进行离心和饱和核磁共振技术检测，分析阶段化的可动流体饱和度变化情况。

由表 3.2 对干湿循环次数与可动流体饱和度变化进行相关拟合，拟合图像如图 3.12 所示。

不同干湿循环次数可动流体饱和度计算结果　　　表 3.2

循环次数 n（次）	渗透率 K（$\times 10^{-3} \mu m^2$）	饱和 T_2 谱面积	离心 T_2 谱面积	可动流体饱和度（%）
0	0.0057	25352	23151	8.68
10	0.0060	25858	18472	28.56
20	0.0068	32632	19435	40.44
30	0.0074	37172	15441	58.46
40	0.0079	39158	15044	61.58

可动流体饱和度与渗透率的变化呈正相关，随干湿循环次数增多而变大（图 3.12），岩石透水性逐渐增强，直接影响其力学性质。

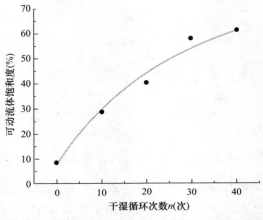

图 3.12　干湿循环次数与可动流体饱和度拟合曲线

在分形几何里用分形维数来表征一个几何对象，不同于传统几何学中对事物维数的描述。研究表明，岩石是一种复杂的地质材料，岩石结构中的孔隙是混乱且无序的，在物理或者化学作用下，岩石中就会不断萌生和扩展新孔隙，然后聚集连通成裂隙，最终破坏岩石的稳定性。而岩石损伤之后的微细观孔隙结构中的尺度和空间分布均有较为明显的分形特征，因此可用分形维数描述岩石的损伤程度。岩石随着干湿循环作用的增多，就会造成物理上的疲劳损伤，而损伤之后的细观孔隙结构的变化具有明显的分形特征，所以利用分形维数来研究绿泥角闪岩在干湿循环作用下的细观损伤程度。

分析分形维数随干湿循环变化，如图 3.13 所示，进一步证明了干湿循环作用对大孔隙的影响较大，岩石的破坏基本是由原有的大孔隙逐渐扩展，形成连通裂隙，再到最终破坏，即分形维数逐渐接近 2。随干湿循环变化的离心饱和 T_2 谱变化一致，也同样是集中在大孔隙的变化上。

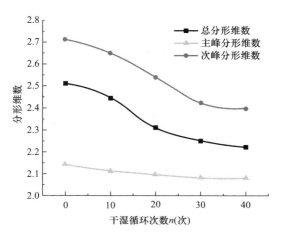

图 3.13　岩石分形维数随干湿循环变化曲线

从 T_2 谱曲线、孔隙度、可动流体饱和度和分形维数等角度分析岩石细观孔隙结构的变化，研究表明岩石在干湿循环作用下，孔隙增长前期慢、中期快、后期平稳，与力学参数的劣化效应变化一致。

水作为复杂地质环境中不可或缺的一部分，可以通过孔隙、裂隙和软弱构造与岩石相互作用。因此，岩石的微观结构遭到破坏，岩石的力学性能被削弱。多次水-岩相互作用对岩体造成的破坏是逐渐累积和不可逆转的，不仅会降低岩体的承载力，还会威胁岩土工程的稳定性。岩石与水接触后，岩体中的某些矿物成分会溶解、结晶和沉淀。水的存在起到了一定的润滑作用，削弱了矿物颗粒之间的相互作用，导致内部孔径、孔隙率、颗粒形态等微观结构特征发生变化。随后，岩石的力学性质恶化，表现为强度衰减、变形加剧和稳定性减弱。岩石中的一些黏土矿物，如蒙脱石、高岭石、绿泥石等，在与水接触时，其形态和分布可能会发生变化。例如，伊利石和高岭石颗粒在水的剪切作用下很容易脱离岩石，然后随着水流移动，发现绿泥石比伊利石和高岭石更容易被水冲走。此外，一些黏土矿物吸水后体积膨胀，导致孔隙通道堵塞，影响岩体稳定性。因此，对岩体的侵蚀更多，例如溶蚀间隙、裂缝增加和强度降低。水和岩石之间反复的干湿循环导致损伤累积、孔隙裂纹扩展和穿透，以及孔隙度增加。此外，岩体的力学参数和强度指标也有所降低。这些变化最终导致岩土工程的承载力和稳定性下降，甚至威胁到人身和财产安全。

干湿循环逐渐引发试件内部的微细观裂隙及孔隙的集中化、扩展，并向宏观裂隙、孔隙转化，在宏观裂隙、孔隙形成后，水-岩物理、化学作用则更加剧烈，而微细观损伤又会不断发展，推动宏观损伤的发展，最终导致力学参数的降低。

3.2.3　水热循环作用下岩石损伤特性

在钻井工程、地热资源开发、煤炭地下气化、核废料处理、热能传输工程等领域，处于水热耦合环境下的地下工程围岩及地面工程基岩都会涉及高温岩石遇水冷却后的物理力学性质，岩石在急速降温过程中，其宏观力学特性以及细观孔隙结构均会发生不同程度的变化，严重威胁工程岩体的长期安全稳定。

对砂岩进行宏观力学试验，获取砂岩在经历不同水热循环次数后的力学参数变化，对砂岩在水热循环作用下的损伤劣化程度进行量化分析，探究砂岩在水热循环作用下的宏观劣化规律。

根据砂岩单轴压缩试验数据，绘制得到了砂岩在不同水热循环次数后的单轴压缩应力-应变曲线图，如图 3.14 所示，直观反映了水热循环对砂岩的强度劣化影响。

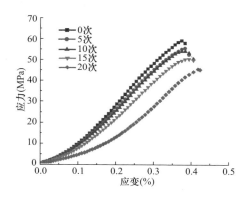

图 3.14　不同水热循环次数后的单轴压缩应力-应变曲线图

由图 3.15 可知，砂岩的单轴抗压强度与水热循环次数之间呈反比关系，随着水热循环次数的增多，曲线向右下方移动，最大轴向应变则逐渐增大。弹性模量则随着水热循环试验次数的增加呈现逐渐减小的趋势，具体分析如下：

（1）在砂岩初始压密阶段，砂岩应变变化速度较快，但水热循环次数增加后，同一应力条件下砂岩的应变逐渐增大，该阶段所占比例也逐渐扩大，是由于水热循环作用使得岩石内部孔隙逐渐扩展，压密孔隙直至闭合的变形量也逐渐增大。

（2）在砂岩单轴压缩线弹性阶段，随着水热循环次数的增加，砂岩应变变化速度逐渐变慢，而该阶段占全部过程曲线的比例逐渐降低，表明水热循环对砂岩的劣化效应在这一阶段逐渐显现，砂岩孔隙内部黏土矿物含量下降导致岩石整体粘结度降低。

（3）在砂岩单轴压缩弹塑性阶段，应力应变曲线整体呈现逐渐趋缓的趋势。随着水热循环次数的增加，在 5～10 次循环之间峰值应力下降较小，在其余循环过程之间均下降较快，这是由于砂岩所含脆性矿物与黏土矿物受温度影响显著，矿物受热膨胀后因热冲击作用而不能恢复，填充孔隙空间并在宏观上表现为砂岩强度的强化，在循环阶段后期，岩石内部孔隙逐渐发育扩展并形成微裂缝，造成砂岩峰值强度显著下降。

（4）在砂岩单轴压缩破坏阶段，应力应变曲线逐渐变缓，应变量较大，随之出现曲线拐点，强度急剧下降并最终破坏。

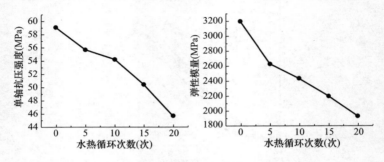

图 3.15 宏观力学参数与水热循环次数关系图

图 3.16 为砂岩在经历不同次数的水热循环之后的核磁共振 T_2 谱图，在图中横向弛豫时间以 $T_2 = 8ms$ 为分界点，在大于 8ms 的横向弛豫时间范围内孔隙数量随着水热循环次数的增加而逐渐减少，在小于 8ms 的横向弛豫时间范围内孔隙数量随着水热循环次数的增加而增加。为此在讨论中，将大于 8ms 所对应的孔隙看作大孔径孔隙（可动流体孔隙），将小于 8ms 所对应的孔隙看作小孔径孔隙（束缚流体孔隙）。

砂岩 0～5 次水热循环的核磁共振 T_2 谱图如图 3.17 所示。由砂岩初始状态下的 T_2 谱图可以看出，曲线包含两个峰，第一主峰主要由横向弛豫时间为 10ms 所对应的孔隙构成，第二次峰主要由横向弛豫时间为 100ms 所对应的孔隙构成，即初始状态下砂岩内部存在两类孔隙系统。在经历 5 次水热循环之后，可以明显看到第二次峰所对应的孔隙出现明显减少。X 射线衍射试验表明，砂岩是由石英、长石、绿泥石及其他黏土矿物颗粒组成的非均质体，在高温环境下各类矿物受热膨胀且热膨胀系数各不相同。因此，在大孔径孔隙内，各种矿物会随着温度的升高按照相应的热膨胀系数自由膨胀，孔隙内部空间受到压缩，大孔径孔隙数量减少。

在反复的水热循环过程中，矿物的不协调变形导致热应力损伤并逐渐在岩石内部积累，从而削弱了岩石物理力学性能。

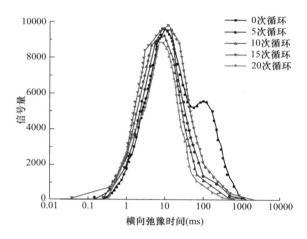

图 3.16　不同水热循环次数后的核磁共振 T_2 谱

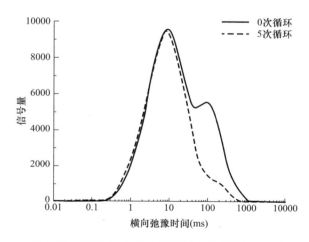

图 3.17　砂岩 0～5 次水热循环的核磁共振 T_2 谱

　　在 5～20 次循环过程中，核磁共振 T_2 谱由初始状态的双峰逐渐演化为单峰型曲线，砂岩内部孔隙系统逐渐集中为横向弛豫时间为 10ms 所对应的孔隙尺寸。在每阶段循环结束后，核磁共振

T_2谱整体向左移动，说明岩石内部逐渐形成小孔径孔隙。岩石内部孔隙按照连通性划分可分为连通孔隙与非连通孔隙，对于连通的孔隙，液体可以在这类孔隙系统中相互流动，而非连通孔隙在岩石内部孔隙系统中彼此孤立。在矿物受热的过程中，小孔径孔隙易于受到矿物膨胀的影响而成为非连通孔隙，进而导致孔隙体积及孔隙度测量结果偏低。在这一背景下，可以发现虽然在砂岩核磁共振T_2谱中小孔径孔隙增加并不显著，但在其内部形成小孔径孔隙的速度是要大于实际测量结果的，即形成小孔径孔隙的速率大于矿物膨胀对小孔径孔隙的堵塞作用。

图 3.18 分别为砂岩样品原始状态 ［图 3.18(a)、图 3.18(d)、图 3.18(g)］、10 次水热循环 ［图 3.18(b)、图 3.18(e)、图 3.18(h)］及 20 次水热循环 ［图 3.18(c)、图 3.18(f)、图 3.18(i)］后放大 126 倍、800 倍及 1600 倍的扫描电镜图片。

图 3.18　不同放大倍数下的扫描电镜图片

在放大 126 倍下由图 3.18(a)～图 3.18(c) 可见，原始状态下岩石样品表面孔隙发育较差，仅有较少数量及较小孔径的粒间孔，无明显裂缝；在经历 10 次及 20 次水热循环后，可见岩石样品表面出现明显的颗粒剥落现象而变得凹凸不平，孔隙尺寸及数量明显呈上升趋势，岩石损伤劣化显著。在放大 800 倍下由图 3.18(d)～图 3.18(f) 清晰可见颗粒粒间孔、矿物粒间孔及矿物颗粒内微孔，岩石孔隙形状多呈球形、多边形、窄缝状等，这与矿物成分密切相关，包括矿物间的胶结、压实及成岩作用，在经历 10 次及 20 次水热循环后，可见孔隙发育明显，逐渐形成诸多狭缝状孔隙、孔隙加大现象。在放大 1600 倍下由图 3.18(g)～图3.18(h) 可见，砂岩表面集中出现的鳞片状绿泥石、板状钠长石、微晶石英、伊/蒙混层等矿物，在经历 10 次及 20 次水热循环后，可见层间剥落而裸露的层间孔，砂岩表面孔隙间相互贯通，形成交叉状微裂缝。

3.2.4　冻融循环作用下岩石损伤特性

天然岩石是一种自然损伤材料，在漫长的地质过程中形成各种孔隙和裂隙，这些孔隙和裂隙中一般赋存有一定的水分，并在冻融环境中结冰、融化，如此反复，在岩石内部出现了新的裂纹和损伤。随着冻融次数的增加，裂纹不断扩展，损伤不断加深，最终可能引起岩石的破坏。在寒区，由冻融作用形成的岩石损伤劣化现象随处可见。

岩石冻融损伤扩展最直接的原因是孔隙自由水在孔隙内冻结膨胀（冻胀），使得岩石孔隙壁受拉应力作用。当水分冻结时，在岩石内部产生冻胀变形，这种冻胀力又为拉应力，远远大于岩石的抗拉强度，岩石出现损伤，并通过耗散一部分的自由能以建立新的局域平衡态；而水分融化时，这种局域平衡态遭到破坏，冻胀变形又不能完全恢复，而孔隙水继续向新萌生的孔隙空间运移填充，从而又建立新的局域平衡态；如此反复，在不断建立新的局域平衡态下加速了岩石的损伤。

在宏观方面，不同冻融循环次数下，岩石的应力-应变曲线特征基本类似，都是经过压实阶段、弹性阶段、屈服阶段，然后试件发生破坏。破坏特征为典型的脆性破坏。受冻融循环次数的影响，无论单轴抗压强度或弹性模量均有很大的损伤。随着冻融循环次数的增加，峰值强度降低，峰值应变随之增大，如图 3.19 所示。

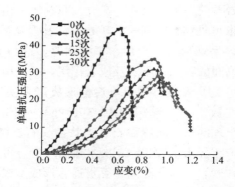

图 3.19　不同冻融循环次数下单轴抗压强度-应变曲线

在微观方面，为研究红砂岩的微观结构（颗粒间胶结物特征及孔隙类型变化），对经历不同冻融循环次数的单轴压缩后红砂岩试样进行扫描电镜（SEM）试验，得到扫描电镜图像，如图 3.20 所示。分析可知，原状红砂岩试样初始颗粒排列紧密，孔隙较小，微裂隙紧闭且表面平整；随着循环次数的增加，红砂岩试样微观孔隙结构越来越疏松、颗粒间孔隙逐渐增大、微裂隙逐渐扩展、局部颗粒间胶结物被破坏并发生挤压及相对滑动。此外，在其表面附着的粉状物增多，在部分冻融后的红砂岩试样区域出现成簇的微裂隙，各裂隙之间相互贯通。冻融循环后的红砂岩试样产生了划痕位移，随着孔隙的不断增大，水分逐渐侵入岩石体内部，使红砂岩试样的微观孔隙结构越来越疏松。

此外，核磁共振成像结果展现出了不同冻融循环次数后岩样内部孔隙的分布情况，直观地看出了岩石的内部微观结构，为分析岩石的冻融损伤过程提供了信息，这也是核磁共振技术特有的优势。冻融循环条件下岩石核磁共振特征的变化规律，为岩石冻融损伤的研究提供了可靠的试验数据。核磁共振成像技术的发展与应用，为岩石物理试验研究提供了一种新的无损检测方法，必将推动岩石物理试验技术的发展。

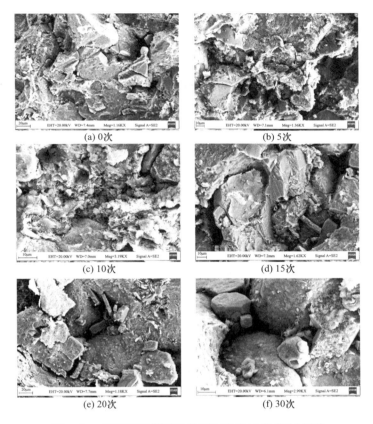

(a) 0次　　　　　　　　　　(b) 5次

(c) 10次　　　　　　　　　(d) 15次

(e) 20次　　　　　　　　　(f) 30次

图 3.20　不同冻融循环次数下红砂岩试样 SEM 图像

影响岩石冻融损伤的因素包括内因和外因。内因包括岩石类型、抗拉强度、裂隙发育特征、密度、孔隙度、孔隙特征、渗透性等。外因包括冻融方法（如冻融次数、冻融周期、冻融温度范围、冻融温度变化速率、模式），初始含水状态（如含水率、饱和度），水分补给条件及岩石应力状态等。这些因素随冻融次数的增长和岩石冻融损伤的增加不断变化，特别是对于内因，如岩石冻融损伤造成岩石强度降低，孔隙度和渗透性增加等。

由于岩性决定岩石的冻融损伤劣化模式，因此其对岩石冻融损失劣化程度的影响是最大的。迄今为止，所有关于冻融条件下岩石损伤性质的研究都涉及了这一方面。岩性对岩石冻融损伤劣化的影响主要表现在岩石的矿物颗粒大小和组成、矿物成分、胶结物强度、岩石抗拉强度和刚度、节理裂隙发育情况、节理分布特征、岩石密度等。研究发现，岩石的强度和刚度越高，矿物颗粒越致密，胶结物强度越高，节理裂隙不发育，其受冻融循环的影响越小；反之，其受冻融循环的影响越大。

岩石的孔隙度、孔隙尺寸及其分布特征对岩石的冻融损伤劣化有显著影响，这已得到众多试验的验证。Fukuda（1974）通过分析岩石冻融风化现象及影响因素提出，当岩石的孔隙率超过20％时，饱和岩石冻融损伤呈持续增长并直至破坏；LauTridou（1982）通过试验研究发现，对于饱和沉积岩，岩石的孔隙率低于6％时，即使经历了几百次冻融循环，岩石的冻融损伤很小。MaTsuoka（1990）对不同类岩石进行了冻融循环试验，并分析了其冻融损伤速率与孔隙率的关系，其结果表明，沉积岩出现冻融损伤的孔隙率阈值应在10％～20％之间。

冻融次数、冻融周期对岩石的冻融损伤劣化影响也非常明显，这主要是由于不同的岩石其耐久性不同。冻融次数越大，冻融周期越短，温度变化速率越大，岩石受冻融循环的影响则越明显。

冻融温度范围对岩石的冻融损伤劣化有较大影响，其在试验上表现为，冻融温度范围越大（冻融温度下限越低），岩石受冻融循环影响越大，在工程中则表现为严寒地区比一般季节性寒区冻融影响要大。对于混凝土的研究发现，其他条件一样时，冻融温度范围在-17～-5℃和-5～5℃两种情况下，当其抗压强度同样降低40％，则前一种温度范围的混凝土只能经受7次冻融循环，而后一种温度范围能经受133次冻融循环，可见差别之大。对于岩石同样存在此问题，这不难理解，冻融温度范围越大，水转化为冰就会充分，而且岩石各相组分的热膨胀性差别也越大，从而造成岩石在冻融循环后岩石内部冻融压力越大，导致岩石的冻融损伤劣化越快。

3.3 化学作用

地质环境中的活跃因素是地下水，它是一种成分复杂的化学溶液，即使是纯水，与岩体相互作用，除了物理上的作用以外，还有更为复杂的水岩化学作用或水岩反应，往往对岩石（体）的力学效应比单纯的物理作用产生更大的影响。水岩化学作用包括溶解作用、溶蚀作用、离子交换、水化作用（膨胀岩的膨胀）、氧化还原作用和水解作用等，它们改变了岩体的成分与结构，从而影响岩体的力学性能。溶蚀作用是指渗透水经过岩体时将岩体中的可溶物质溶解带走，从而使岩石强度降低的作用。

（1）溶解作用和溶蚀作用：溶解和溶蚀作用在地下水水化学的演化中起着重要作用，地下水中的各种离子大多是由溶解和溶蚀作用产生的。天然的大气降水在经过渗入土壤带、包气带或渗滤带时，溶解了大量的气体，如 N_2、O_2、H_2、He、CO、NH_3、CH_4 及 H_2S 等，弥补了地下水的弱酸性，增加了地下水的侵蚀性。这些具有侵蚀性的地下水对可溶性岩石如石灰岩（$CaCO_3$）、白云岩（$CaMgCO_3$）、石膏（$CaSO_4$）、岩盐（$NaCl$）以及钾盐（KCl）等产生溶蚀作用，使岩体产生溶蚀裂隙、溶蚀空隙及溶洞等，增大了岩体的空隙率及渗透性。

（2）离子交换是由物理力和化学力吸附到矿物颗粒表面的离子和分子与地下水的一种交换过程；能够进行离子交换的物质是黏土矿物，如高岭土、蒙脱土、伊利石、绿泥石、蛭石、沸石、氧化铁以及有机物等，主要是因为这些矿物中大的比表面上存在着胶体物质。地下水与岩土体之间的离子交换使岩土体的结构改变，从而影响岩土体的力学性质。

（3）水化作用是水渗透到矿物结晶格架中或水分子附着到可溶性岩石的离子上，使岩石结构发生微观、细观和宏观改变的一种作用。自然中的岩石风化作用就是由地下水与岩土体之间的水化作用引起的，还有膨胀土与水作用发生水化作用，使其发生大应变。

81

（4）氧化还原作用是一种电子从一个原子转移到另一个原子的化学反应。地下水与岩土体之间常发生的氧化过程有：硫化物的氧化过程产生 Fe_2O_3 和 H_2SO_4，碳酸盐岩的溶蚀产生 CO_2。地下水与岩土体之间发生的氧化还原作用，既改变着岩土体中的矿物组成，又改变着地下水的化学组分及侵蚀性，从而影响岩土体的力学特性。

（5）水解作用是水与岩体中的阴阳离子之间发生的一种化学反应，如果阳离子与水发生水解作用，则使岩体的水环境酸化；如果阴离子与水发生反应，则使岩体的水环境碱化。

与物理作用相比，化学作用一般是不可逆的，并且水岩化学作用常常伴随新矿物的产生，将破坏岩石原有的内部结构组成。因此化学作用对岩石力学性质的影响是更为严重的，占主导作用。

许多岩石现象的出现是由于力学-化学耦合引起矿物局部在分配或溶解过程的局域化或化学损伤而形成的。水岩系统在力学与化学的耦合作用下发生的结构变形及地下水成分迁移等行为，极大地影响了地下工程的长期稳定性及相关水环境的演化规律。应力作用下岩石与水的溶解反应过程包括岩石固相颗粒的溶解以及溶解后液相物质的迁移，岩石中物质在化学势的推动下发生溶解，使岩石表面形貌发生改变，岩石内部的应力分布因此进行重新调整，会影响后续化学势的分布，使水岩溶解反应的位置也相应发生变化。水岩反应界面的实时变化即在应力作用下发生化学反应的位置是随时间和空间变化的，这些部位或增大或减小，由此引起的化学势差也发生变化。对于动力学反应而言，化学势大小决定了反应速率。

3.3.1　对岩石宏观力学效应的影响

岩体工程在运行期内不仅受到荷载作用，还受到所处环境中水化学溶液的浸蚀作用。水化学溶液在岩体工程中的广泛存在直接影响着岩石的物理力学性质，一方面，能够产生孔隙水压力（静孔隙水压力和超静孔隙水压力），降低岩石骨架所承受的有效应力，从而降低岩石的强度力学特性；另一方面，水化学溶液能够对岩石的矿物成分和矿物颗粒之间的胶结物产生物理化学作用，改变岩石原有的结构或产生新的矿物。此外，水化学溶液浸蚀作用的累积效应往往使岩体矿物成分、结构及力学性质发生变化，对岩体工程的长期稳定性产生威胁。

岩石是颗粒或晶体相互胶结或粘结在一起的聚集体，水化学作用下岩石的宏观力学效应是一种从微观结构的变化导致其宏观力学性质改变的过程。这种复杂作用的微观过程是自然界岩体变形破坏的关键所在。由于岩石矿物之间存在化学不平衡，导致了水岩之间不可逆的热力学过程。在分析岩石宏观强度特性时，常采用单轴压缩试验、常规三轴压缩试验等研究方法，为求结果更加准确、与实际联系更加紧密，常采用三轴压缩试验。

1. 单轴压缩试验

地下水中含有的离子成分复杂，主要离子有：Na^+，Ca^{2+}，Mg^{2+}，K^+，Cl^-，SO_4^{2-}，H^+，OH^-，NO^{3-} 等，且含有一定量的络合物。地下水中的离子成分受周围岩石矿物成分的影响，再加上大气成分酸性气体增加，完全模拟实际地下水的成分来配制水化学溶液可行性不大。选用的溶液包含了 Na^+、SO_4^{2-} 离子，并通过加大这 2 种主要离子的浓度和 pH 值的方法，以达到短时间内对红砂岩产生显著的腐蚀损伤效应。因为考虑 pH 值和温度两个因素的作用，试验设计为正交试验，其中 3 种溶液分别为 pH 值是 1、4、7 的 0.01mol/L Na_2SO_4 溶液，设置的温度梯度为 20℃、40℃、60℃、80℃，具体分组见表 3.3。其中，字母 H，D 分别代表核磁共振试验岩样和单轴压缩试验，数字 1、2、…、10 代表处于不同条件下的试验岩样组。

红砂岩试样的试验方案 表 3.3

温度（℃）	20	40	60	80
pH＝1 Na_2SO_4 溶液	D1-1/H1-1	D1-2/H1-2	D1-3/H1-3	D1-4/H1-4
pH＝4 Na_2SO_4 溶液	D4-1/H4-1	D4-2/H4-2	D4-3/H4-3	D4-4/H4-4
pH＝7 Na_2SO_4 溶液	D7-1/H7-1	—	—	—
干燥	D10-1			

以表 3.3 中设计方案的化学溶液为试验环境，经不同时间的

化学腐蚀之后对岩样进行单轴压缩试验，试验结果拟合的曲线如图 3.21 所示。

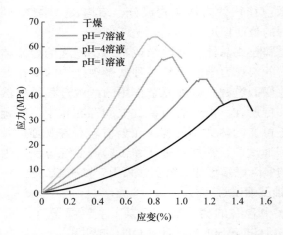

图 3.21　砂岩在自然状态和化学溶液中的应力-应变曲线

化学溶液对砂岩变形特性的影响规律，可以从试样的应力应变关系曲线及其相关的变形特性指标中取得。自然状态与不同化学溶液腐蚀后砂岩试样的应力应变关系曲线均经历 4 个阶段，如图 3.22 所示。

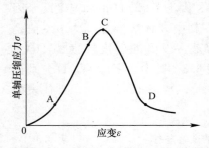

图 3.22　化学溶液腐蚀下岩石
单轴压缩应力-应变曲线关系

（1）OA 段：空隙、微裂隙压密阶段，应力应变关系曲线呈现上凹形，即早期的应力随着应变呈非线性增加，随着应力的增大而增加。自然状态下试样的下凹段很短，很快就进入弹性变形阶段，而水化学腐蚀后砂岩试样的下凹阶段相对于自然状态下的有所增加。下凹段是由于试样中原有的一些缺陷或微空隙裂隙逐渐被压密而闭合，σ-ε 曲线上下凹阶段的长短与其内部缺陷、空隙发育状况有关，经过一系列的水岩化学作用后，砂岩试样呈现不同程度的软化，同时其孔隙率有所增加。因此，化学腐蚀后砂岩试样的下凹段均有不同程度的增加。

（2）AB 段：线弹性变形阶段，试样 σ-ε 关系呈线性关系，该阶段应力应变的关系为直线。同一块岩石经不同水化学溶液腐蚀后，试样的弹性模量 E 相对于自然状态下均呈现不同程度的劣化，因此可以用试样 E 值的大小来反映水化学溶液对砂岩试样的软化程度。化学溶液对砂岩的软化程度越大，其 E 值越小。化学腐蚀后砂岩试样的弹性阶段较自然状态下的变短，并且随着化学腐蚀时间的加长，砂岩试样的屈服应力逐渐减小，试样较早地进入屈服阶段，引起屈服阶段加长而弹性阶段降低，试样 E 值的劣化程度越大。不同的水化学溶液对砂岩试样有一定的软化作用，并且随着化学腐蚀时间的加长，化学溶液对砂岩的软化作用越大；相同条件下，溶液的酸性越强或浓度越大，其对砂岩试样具有较强的软化作用；溶液的化学成分不同，对砂岩的软化作用也存在差异，中性化学环境的溶液对砂岩也具有一定的弱化作用，比中性环境的蒸馏水对砂岩的软化作用大，说明化学溶液对砂岩试样的弱化作用，不仅与 pH 有关，还与溶液的浓度及化学成分有关。

（3）BC 段：屈服阶段，此阶段微裂纹逐渐萌生、扩展并贯通，应力应变关系曲线偏离直线，呈现下凸形，随着应力的增大而逐渐减小。化学溶液腐蚀后，砂岩试样的屈服阶段较自然状态下更加明显，自然状态下试样过了弹性阶段后很快达到峰值，屈服阶段不是很明显，而化学腐蚀后试样的屈服比较明显，并随着化学腐蚀时间的加长，试样的屈服应力逐渐降低，屈服段有所加长；水化学溶液腐蚀后砂岩试样的峰值应变较自然状态下均有所增大，并随着化学腐蚀时间的加长，试样的峰值应变逐渐增大。

（4）CD 段：破坏阶段，在试样应变急剧增加的同时，其应力降幅较大；自然状态下试样破坏速率大于化学腐蚀后试样，虽然化学腐蚀后试样均有所软化，但并没有改变其破坏时脆性特性。

砂岩在自然状态和化学溶液中的抗压强度如图 3.23 所示。

由图 3.23 可知，砂岩在自然状态下抗压强度最大，为 64.225MPa。与自然状态下的岩样相比，在浸泡 10d 后，岩样的抗压强度均减小。其中，抗压强度最小的是 pH＝1 的 Na_2SO_4 溶液，抗压强度减小了 39.81％，劣化效应最明显，其次是 pH＝4 的 Na_2SO_4 溶液，抗压强度减小了 27.13％，pH＝7 的 Na_2SO_4 溶液中岩样的抗压强度较大，抗压强度减小了 17.40％。这说明在不同化学溶液中浸泡后，溶液酸性越强（pH＝1），岩石抗压强度越低，岩石劣化越严重。

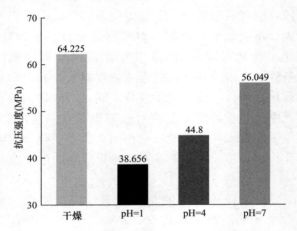

图 3.23　砂岩在自然状态和化学溶液中的抗压强度

2. 水化损伤砂岩弹性模量

通常弹性模量计算有 3 种：切线弹性模量、平均弹性模量和割线弹性模量。因为计算时需要精确计算两个小量的比值，所以切线弹性模量存在较大误差，试验中一般不采用此方法。本试验岩样在单轴压缩前期阶段，存在显著下凹曲线，这是因为在压缩过程中岩样内部裂缝开始闭合，所以计算切线弹性模量不适用本研究。平均弹性模量是线弹性阶段近似直线部分的曲线斜率，因此能够反映弹性模量的变化情况。计算公式如下：

$$E = \frac{\sigma_B - \sigma_A}{\varepsilon_B - \varepsilon_A} \tag{3.6}$$

式中，E 为砂岩平均弹性模量（GPa）；σ_B、σ_A 为应力-应变曲线线弹性直线终点、起始点的应力值（MPa）；ε_A、ε_B 为 σ_A、σ_B 对应的纵向应变值，无量纲。

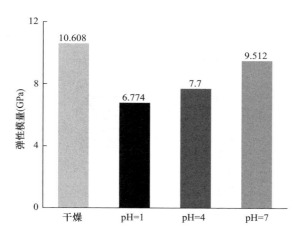

图 3.24　砂岩在自然状态和化学溶液中的弹性模量

图 3.24 为砂岩在自然状态和化学溶液中的弹性模量。由图 3.24 可知，砂岩的初始自然状态弹性模量最大，为 10.608GPa，与自然状态下的岩样相比，砂岩在 pH＝1 的 Na_2SO_4 溶液浸泡 10d 后弹性模量降为 6.774GPa，在 pH＝4 的 Na_2SO_4 溶液浸泡 10d 后弹性模量为 7.7GPa，在 pH＝7 的 Na_2SO_4 溶液浸泡 10d 后弹性模量为 9.512GPa。砂岩在不同化学溶液中浸泡的弹性模量变化规律和抗压强度变化规律相同，溶液 pH 值越小，岩石弹性模量降低程度越大。

3. 破坏模式

在分析力学试验结果时，岩石的破坏模式应受重视。岩石主要破坏模式如下：

（1）柱状劈裂破坏。破坏主要形式为平行于轴向加载的拉伸破坏，柱状岩样产生明显若干条轴向裂纹，对多块岩样进行单轴压缩试验，均表现为此破坏模式。因此，柱状劈裂破坏为本试验砂岩初始状态破坏模式。

（2）剪切滑移破坏。由于矿物颗粒之间的剪切滑移作用影响，岩样破坏时表现为形成明显的剪切面，并且会伴随若干条轴向裂缝。

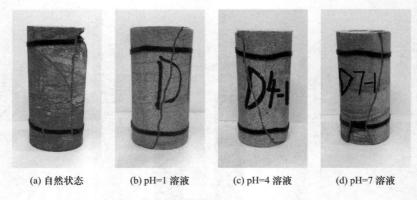

(a) 自然状态　　　(b) pH=1 溶液　　　(c) pH=4 溶液　　　(d) pH=7 溶液

图 3.25　岩样单轴压缩试验破坏后图片

（3）圆锥形剪切破坏。破裂面为顺层理面和穿越层理面的张剪复合破坏，裂纹呈多段折线发展且扩展充分，岩样中部受到较大的张拉应力导致出现大角度剪切裂缝。破坏后岩石在一端形成圆锥形破坏，在另一端形成张拉破坏，岩石破坏现象非常明显。

图 3.25 为岩样单轴压缩试验破坏后图片，砂岩在自然状态下经过单轴压缩试验后的破坏形式为柱状劈裂破坏，在轴向有明显的几条轴向裂纹。岩样在不同化学溶液中单轴压缩试验后的破坏特征相似，均表现为剪切滑移破坏，岩样的破坏模式在化学腐蚀作用下为剪切滑移破坏，在岩石中形成一条贯穿岩样的剪切面，岩样在破坏后发生分离现象，并伴随少量碎块掉落。

4. 三轴压缩试验结果分析

表 3.4 列出了岩样在不同水化学溶液中浸泡 15d 后的三轴压缩试验结果，显然，在同一围压状态下，岩样在不同水化学溶液中浸泡 15d 后的三轴抗压强度有较大差异，即各溶液对岩样峰值强度的衰减程度不同。与此同时，与未经水化损伤的干燥岩样相比，各岩样的弹性模量和泊松比均有所劣化。

不同溶液中浸泡 15d 后的三轴压缩试验结果　　表 3.4

浸泡溶液	岩样编号	围压 （MPa）	抗压强度 （MPa）	弹性模量 （GPa）	泊松比
pH＝2	M1	5	25.135	6.455	0.397
	M2	10	31.296	9.781	0.435
	M3	15	37.619	12.572	0.407
pH＝7	M4	5	35.744	10.990	0.407
	M5	10	43.290	12.047	0.468
	M6	15	50.109	14.834	0.480
pH＝12	M7	5	32.303	10.132	0.407
	M8	10	40.182	11.943	0.412
	M9	15	46.295	12.898	0.471
pH＝7	M10	5	31.868	9.507	0.535
	M11	10	37.473	11.786	0.689
	M12	15	45.591	13.876	0.509
干燥	M13	5	52.209	16.934	0.300
	M14	10	64.954	23.718	0.331
	M15	15	73.245	28.176	0.344

　　图 3.26 为同一围压条件下，各岩样在三轴加载下的应力-应变曲线，反映了溶液 pH 和浓度对岩样力学参数的损伤劣化情况。图 3.27 为同类岩样在不同围压状态下的三轴应力-应变曲线。

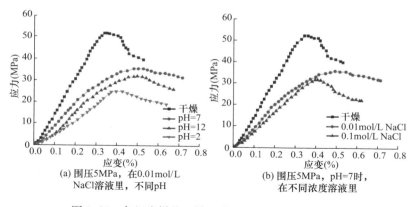

图 3.26　各组岩样的三轴压缩试验结果的比较（一）

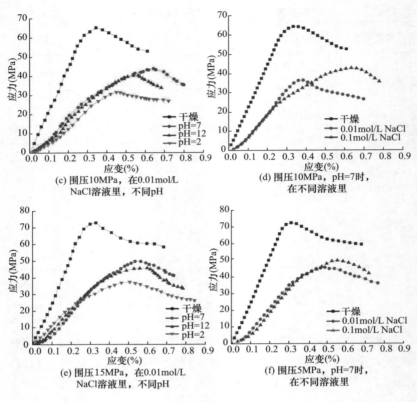

图 3.26　各组岩样的三轴压缩试验结果的比较（二）

由此可知，不同试验状态下岩样的三轴应力-应变曲线均符合典型岩石的应力-应变曲线规律，可大致分为 4 个阶段：弹性压密阶段、线弹性阶段、弹塑性变形阶段、强度衰减阶段。

图 3.26 表明与未经浸泡的干燥岩样相比，在经历 15d 的水化损伤后，不同溶液中的岩样强度均减小。在不同 pH 的 0.01mol/L NaCl 溶液中，峰值强度最小的为 pH＝2 的溶液，强度衰减最大，劣化效应最明显；其次是 pH＝12 的溶液；而 pH＝7 的溶液中岩样的峰值强度较大，强度衰减较小。中性条件下（pH＝7），0.1mol/L NaCl 溶液中岩样的峰值强度和弹性模量均小于 0.01mol/L NaCl 溶液，说明浓度对岩样的宏观力学参数劣化同样起着显著作用。

图 3.27 表明随着围压的增大，岩样的峰值强度、弹性模量和极限应变均增大，实际上这也是岩石力学中普遍的一条规律。与此同

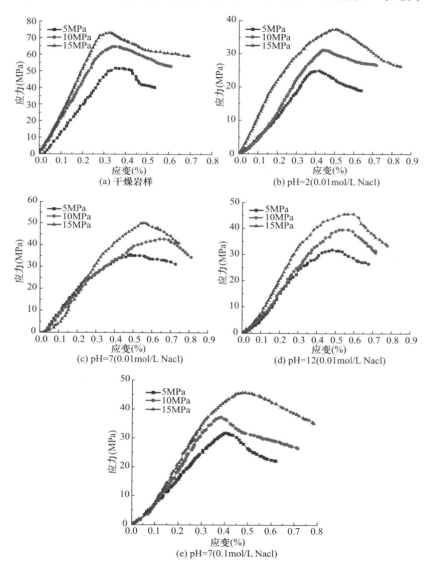

图 3.27　同类岩样在不同围压状态下的三轴应力-应变曲线

时，还发现岩样发生不同程度的水化损伤后，通过力学试验得到的损伤岩样极限应变大于未经浸泡的干燥岩样，表明岩样发生水化损伤后岩石的变形增加，有从脆性特征转变为延性的趋势。利用Origin8.5对其围压与峰值强度进行了线性回归拟合，发现围压与峰值强度呈良好的线性关系，各组岩样的拟合曲线如图 3.28 所示。

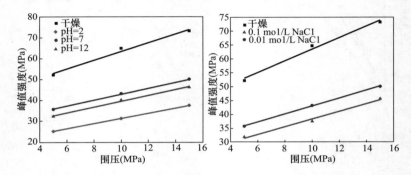

图 3.28　不同水溶液作用后岩样的峰值强度与围压的拟合直线

各试样拟合直线的回归参数见表 3.5。

各试样拟合直线的回归参数 　　　　表 3.5

岩样状态	浓度（mol/L）	截距 b	斜率 k	相关系数 R^2
pH＝2	0.01	18.863	1.248	0.999
pH＝7	0.01	28.683	1.436	0.999
pH＝12	0.01	25.601	1.399	0.995
pH＝7	0.1	24.577	1.373	0.989
干燥	—	42.420	2.104	0.985

　　根据拟合直线的斜率和截距求得各岩样的内摩擦角和黏聚力见表 3.6。

不同溶液中浸泡后的岩样内摩擦角和黏聚力 　　表 3.6

岩样状态	浓度（mol/L）	围压（MPa）			内摩擦角 φ（°）	黏聚力 c（MPa）
		5	10	15		
pH＝2	0.01	25.135	31.296	37.619	6.3	8.4
pH＝7	0.01	35.744	43.290	50.109	10.3	11.9
pH＝12	0.01	32.303	40.182	46.295	9.6	10.8

岩样状态	浓度 (mol/L)	围压 (MPa)			内摩擦角 φ (°)	黏聚力 c (MPa)
		5	10	15		
pH＝7	0.1	31.868	37.473	45.591	9.0	10.5
干燥	—	52.209	64.954	73.245	20.8	14.6

由此可知，与干燥状态的岩样相比，经不同水化学溶液作用后，岩样的内摩擦角 φ 和黏聚力 c 也减小。酸性环境对岩石 c、φ 值的劣化是最严重的，其次是强碱性溶液和高浓度溶液。与干燥岩样的内摩擦角 φ 和黏聚力 c 相比，酸性溶液作用后分别下降了 70％和 42％，碱性溶液腐蚀后分别下降了 54％和 26％，而在 0.1mol/L NaCl 溶液中发生损伤后，内摩擦角 φ 和黏聚力 c 分别下降了 57％和 28％。由此可见，环境 pH 和水化学环境中离子组分的浓度对岩石力学性能退化的影响极其显著。

5. 溶液中 Ca^{2+} 浓度变化分析

试验对溶液中 Ca^{2+} 浓度的测定采用 EDTA 滴定法，具体的操作步骤简述为 3 步：（1）将 EDTA 标准溶液放入碱式滴定管中，调整初始溶液界面，记录此时读数 V_1；（2）取 50mL 水样于 250mL 锥形瓶中，并加入 1mL NaOH 溶液（2mol/L）和 0.2g 钙指示剂；（3）用滴定管中的 EDTA 标准溶液进行滴定，滴定过程中轻轻摇晃锥形瓶，使瓶中溶液充分融合，当混合溶液由紫红色变为亮蓝色时，滴定结束，记录此时滴定管中 EDTA 标准溶液的终点读数 V_2。依据上述试验步骤可根据式（3.7）计算 Ca^{2+} 浓度。

$$C_{C_a^{2+}} = \frac{C_{EDTA}V_{EDTA}}{V_0} \times 40 \tag{3.7}$$

式中，C_{EDTA} 为 EDTA 标准溶液的浓度，取为 0.01mol/L；V_{EDTA} 为滴定所需 EDTA 的体积，即 V_2-V_1；V_0 为所测水样的体积，试验时统一为 50mL。

本次试验设置了不同时间段，对溶液中析出的 Ca^{2+} 浓度进行测定。各岩样的浸泡总时长为 15d，由于岩样的水化学损伤在浸泡初期表现得较为复杂，所以岩样水化初期的损伤应重点关注。通常情况下，在试验时间设定上，大都按照梯度不等的时间设置原则设定测试时间点，本试验设置以下时间点对溶液中的 Ca^{2+} 浓度进行实时测定，试验结果见表 3.7。

不同水化学溶液中 Ca^{2+} 浓度滴定试验结果　　　表 3.7

岩样状态	浓度 (mol/L)	Ca^{2+} (mol/L)							
		0d	2d	4d	6d	8d	10d	13d	15d
pH=2	0.01	0	6.24	13.60	20.08	24.16	28.24	32.08	36.24
pH=7	0.01	0	2.64	4.48	6.72	8.40	10.24	12.88	13.92
pH=12	0.01	0	4.00	7.44	10.84	13.32	16.32	18.72	20.40
pH=7	0.1	0	4.80	8.08	12.24	15.08	20.32	25.76	28.00

由表 3.7 可知，岩样在酸性和碱性溶液中发生水化学损伤的程度比在中性同等浓度的溶液中强，产生的 Ca^{2+} 多。更准确地来说，酸性条件下产生的 Ca^{2+} 浓度高于碱性条件，而中性条件下最低。这主要是因为酸性条件下矿物与相关离子发生水化反应的程度较强。可以推测，在酸性条件下，溶液的 pH 值越小，酸性越强，则岩样发生水化反应的程度越剧烈；同理，在碱性条件下，溶液的碱性越强，即 pH 值越大，则岩样水化反应的程度也越剧烈，岩样水化损伤的程度与所处溶液的酸碱性为正相关。在 pH 值由 0～14 的变化范围内，随着 pH 值的逐渐增大，岩样损伤的程度表现为先变弱后变强，在 pH=7 时最弱。此外，在同一 pH=7 的 NaCl 溶液中，大浓度溶液中监测到的 Ca^{2+} 浓度较大，故浓度也是岩样发生水化损伤的一个重要影响因子。溶液析出的 Ca^{2+} 主要归因于两方面，一是由于岩石矿物与水化学溶液中的某些分子或离子（H_2O、H^+ 和 OH^-）发生化学反应所致，这部分是主要来源。参考前人所做的研究，同时结合本岩样矿物组成，在不同水化学溶液中，发生的水岩化学反应可大致归纳如下。

酸性条件下 pH 值升高，所发生的化学反应有：

$KAlSi_3O_8 + 4H^+ + 4H_2O \longrightarrow K^+ + Al^{3+} + 3H_4SiO_4$

$NaAlSi_3O_8 + 4H^+ + 4H_2O \longrightarrow Na^+ + Al^{3+} + 3H_4SiO_4$

$CaAl_2Si_2O_8 + 8H^+ \longrightarrow Ca^{2+} + 2Al^{3+} + 2H_4SiO_4$

$KAl_3Si_3O_{10}(OH)_2 + 10H^+ \longrightarrow K^+ + 3Al^{3+} + 3H_4SiO_4$

$Al_2Si_2O_5(OH)_4 + 6H^+ \longrightarrow H_2O + 2Al^{3+} + 2H_4SiO_4$

碱性条件下 pH 值降低，主要的化学反应为：

$$KAl_3Si_3O_{10}(OH)_2 + 2OH^+ + 10H_2O \longrightarrow K^+ + 3Al(OH)_4^- + 3H_4SiO_4$$

$$SiO_2 + 2OH^+ \longrightarrow SiO_3^{2-} + H_2O$$

中性条件下，矿物发生的水解反应为：

$$SiO_2 + 2H_2O \longrightarrow H_3SiO_4^- + H^+$$

$$KAlSi_3O_8 + 8H_2O \longrightarrow K^+ + Al(OH)_4^- + 3H_4SiO_4$$

$$NaAlSi_3O_8 + 8H_2O \longrightarrow Na^+ + Al(OH)_4^- + 3H_4SiO_4$$

$$CaAl_2Si_2O_8 + 8H_2O \longrightarrow Ca^{2+} + 2Al(OH)_4^- + 2H_4SiO_4$$

其中，相关矿物的化学式见表 3.8。

相关矿物的化学式　　　　　　　　　　　表 3.8

矿物种类	化学式
钾长石	$KAlSi_3O_8$
钠长石	$NaAlSi_3O_8$
钙长石	$CaAl_2Si_2O_8$
云母	$KAl_3Si_3O_{10}(OH)_2$
高岭石	$Al_2Si_2O_5(OH)_4$
石英	SiO_2

　　二是岩石中某些矿物的溶解作用，这种作用实际上为物理意义上的。在本试验中，岩样浸泡在不同酸碱性且不同浓度的水溶液中，因此后者对 Ca^{2+} 的贡献很少，几乎可以忽略不计，矿物主要与水化学溶液发生水化反应，不同溶液中 Ca^{2+} 浓度滴定结果和溶液 pH 值的变化验证了这一推断。

6. 岩石的质量及其外观变化

　　水岩相互作用的初期阶段反应强烈，中后期阶段逐渐变缓并趋于稳定。岩样质量由溶液的 pH 值决定。不同水化学环境中的岩样质量随浸泡时间都发生了不同程度的变化，有以下规律：

　　（1）各种状态下岩样相对质量随浸泡时间的增长而不断变化，具有时间依赖性。水岩作用的初期阶段，相对质量的变化速率较大，中后期阶段变化速率逐渐降低，最后趋于稳定。

　　（2）相同离子成分不同 pH 值的溶液对红砂岩质量的变化存在

较大的影响。在酸性和弱碱性溶液中，岩样质量随浸泡时间增长而增加；在水溶液、强碱性溶液中，岩样质量随浸泡时间增加逐渐降低，且前者岩样质量增幅大于后者岩样质量减幅。

（3）相同 pH 值不同离子成分的水化学溶液对红砂岩质量的变化存在一定程度的影响。水溶液作用的岩样相对质量随时间的增加而降低，相同 pH 值不同离子成分作用的岩样相对质量呈增加趋势。

观察分析浸泡前、后砂岩试样图片，可以反映水化学腐蚀作用对岩石物理外观形态的影响，图 3.29 是砂岩岩样浸泡前后的外观变化情况。

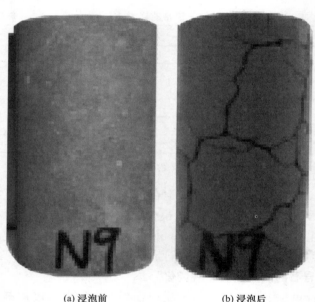

(a) 浸泡前   (b) 浸泡后

图 3.29　浸泡前后红砂岩试样照片

7. 水岩化学作用影响因素

水化学溶液对岩石的腐蚀效应主要受岩石矿物组分、岩石结构、水化学溶液 pH 值和离子成分、环境温度等因素影响。

（1）岩石矿物组分对水化学腐蚀效应的影响。红砂岩主要矿物为石英、长石、黏土矿物、铁质和钙质胶结物、岩屑等。黏土矿物能将水分子吸入至晶胞之间，使红砂岩发生明显膨胀，弱化了黏土胶结物的胶结作用。长石在水溶液环境作用下能够发生离子交换和水解作用，生成新的黏土矿物，如高岭石和二氧化硅胶体。岩石的次生孔隙率，由于长石的溶解而不断增大，表现为黏聚力的下降和强度的降低。因此，相对于天然状态下红砂岩而言，受蒸馏水溶液腐蚀作用后的红砂岩，其强度参数都发生不同程度的下降。

（2）溶液离子成分对水化学溶液腐蚀效应的影响。对比蒸馏水溶液，化学溶液中离子成分能够增加红砂岩的孔隙率。孔隙率的增加，导致相互接触的颗粒数量和接触面积减少，单位面积内胶结物所提供的黏聚力也就发生下降。接触面减少，由荷载产生的颗粒与颗粒之间的相互挤压力（法向应力）将增大。当颗粒之间要发生相互错动或滑动时，随着挤压力的增大，颗粒的运动由滚动与滑动方式转变为以滑动方式为主，滑动的过程中伴随着部分颗粒的剪断和离槽现象的出现，宏观上表现为内摩擦角的增大。

（3）水化学溶液 pH 值对水化学溶液腐蚀效应的影响。在蒸馏水环境下，长石矿物发生解离和离子交换，生成了高岭石矿物。①溶液酸性时，随着酸性的增强，溶液中的氢离子不断增加，氢离子能破坏铁质、钙质胶结物并能与长石发生化学反应，溶解很多矿物成分，如长石、碳酸盐、硅酸盐等一些蒸馏水环境下的难溶盐；胶结物的减少，直接导致黏聚力下降。矿物的溶解，将直接增大次生孔隙率，与离子成分对内摩擦角的影响机制相类似，即增大内摩擦角。②溶液碱性时，随着碱性的增强，溶液中的氢氧根离子不断增多，依据长石矿物的离子交换可逆反应，氢氧根离子的存在将阻碍离子交换的进行；同时部分可溶盐的阳离子与氢氧根离子结合生成了沉淀，充填于孔隙之间，导致次生孔隙率的降低，增大颗粒间接触面积，降低挤压力，颗粒之间更容易发生滚动，表现为内摩擦角降低。氢氧根离子的存在对黏土矿物胶结物、铁质和钙质胶结物的影响效应不大。红砂岩的黏聚力主要由胶结物提供，因此，黏聚力随 pH 值的增大而产生的变化不大。

3.3.2　对岩石微观效应的影响

化学溶液对岩石造成的损伤在宏观上表现为其力学特性的劣化,在微细观上表现为其矿物成分及微观结构的变化。岩石宏观力学性质的变化是其微细观结构变化的表现,而微细观结构的改变是其宏观力学性质变化的内在原因。

岩石作为一种多晶复合介质,其内部空间划分为三种类型:晶粒内部、晶粒界面、晶粒间隙,如图 3.30 所示。这三类空间区域的力学性质以及对岩石力学性能影响,彼此之间相互制约也相互影响。因此,在研究不同岩石变形与强度时,必须考虑这些区域之间的力学特征耦合影响。

(1) 岩石微观理论:主要是通过岩石晶粒自身缺陷对岩石晶粒变形破坏的影响。

(2) 岩石宏观理论:由于地质构造、成岩过程中应力的长期作用,岩石内部微裂隙形成,这部分缺陷将引起材料局部应力集中,产生沿晶粒间界面发展的破坏或穿晶破坏,进而导致材料整体产生变形,强度降低。此理论即为岩石力学。

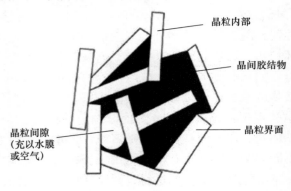

图 3.30　岩石结构示意图

岩石作为一种具有自身缺陷的天然脆性材料,其破坏过程可以看成岩石材料在应力作用下材料内部微裂隙产生、扩展直至贯通的过程。自然界"给予"的地质构造运动,使得在岩石材料局部产生一定的应力集中现象，使岩石内部具有缺陷的部位具有一定的弹性性能。当应力环境趋于复杂或在较高应力状态下，使岩石内部产生较大的剪应力与弯曲应力。当这些应力达到或超过岩石自身的断裂韧度时，岩石内部裂隙开始起裂与扩展。当岩石材料长期处于应力作用状态下，由于其内部结构不均匀性、外界环境扰动等影响，使其内部出现受力不均的情况，长期处于这种环境，极易促使岩石微结构的发展。

为了研究腐蚀过后试件内部微观结构，分别对经过不同条件浸泡过后的试件进行扫描，通过扫描后的图片分析试件裂缝和表面颗粒脱落情况。目前用以观察岩石微观结构的扫描设备主要有扫描电子显微镜（SEM）、X 射线能谱仪（EDS）、场发射扫描电镜、CT 扫描等设备。

采用型号为 ZEISS SIGMA500 场发射扫描电子显微镜（图 3.31）对浸泡在 pH＝1、pH＝5 的硝酸溶液中的砂岩试样进行观察。扫描电子显微镜的工作原理是运用电子枪发出的细聚焦电子束在岩石样品表面逐行进行扫描，被扫描的地方就会激发出电信号。利用探测器可以将表征岩石表面微观结构特征的电信号收集起来并进行放大，得到岩石样品微观结构特征的图像。SEM 主要被用来观察岩样微观结构特性，特别是岩石样品自身孔隙结构的微观图像，扫描电镜观察矿物微观形貌能够看到岩样真实自然的晶体形态及孔隙分布特征。

图 3.31 扫描电子显微镜

未浸泡砂岩在电镜下的微观形貌如图 3.32 所示。

(a) 放大100倍　　　　　　　　(b) 放大1400倍

(c) 放大3000倍　　　　　　　　(d) 放大10000倍

图 3.32　未浸泡砂岩在电镜下的微观形貌

图 3.32(a) 为未浸泡过的砂岩在放大 100 倍下的 SEM 图像，可以观测其全貌，该砂岩样品的孔隙发育比较差，内部矿物主要是石英，在图片中还可以看到块状的高岭石，其主要以条带状分布在岩体粒子之间。图 3.32(b)、图 3.32(c) 分别为放大 1400 倍和 3000 倍下的图像，均可清晰地看到二者石英微晶体、丝缕状的白云母（伊利石）、叶片状绿泥石及其他黏土矿物；图 3.32(d) 则展现了矿物局部在 10000 倍下的图像，此时，可以清晰地看出丝缕状白云母的解理特性，且石英晶体有明显加大的现象。

图 3.33(a) 为浸泡在 pH＝1 酸溶液 15d 后砂岩在放大 100 倍下的 SEM 图像，可以明显看出岩样表面出现众多的裂隙，以及比较大的溶洞；图 3.33(b) 为放大 1700 倍下的图像，在两张图片中均可发现石英微晶体、丝缕状的白云母（伊利石）、叶片状绿泥石及其他黏土矿物，且矿物棱角损伤明显；图 3.33(c) 则展现了矿

物局部在 3000 倍下的图像，此时，可以清晰地看出丝缕状白云母的解理特征，且石英晶体加大剧烈。

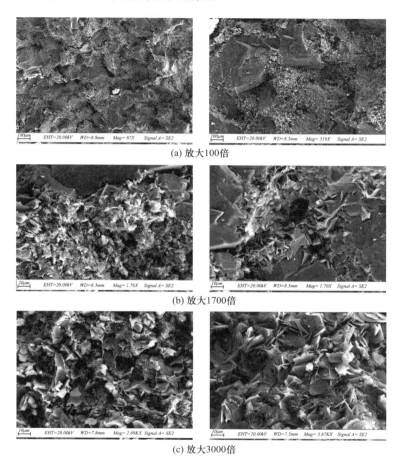

(a) 放大100倍

(b) 放大1700倍

(c) 放大3000倍

图 3.33　pH＝1 溶液中浸泡 15d 后砂岩在电镜下的微观形貌

　　图 3.34（a）为浸泡在 pH＝5 酸溶液 15d 后砂岩在放大 100 倍下的 SEM 图像，可以明显看出岩样表面出现裂隙，以及较大的溶洞，但明显小于 pH＝5 溶液中的砂岩试样；图 3.34（b）为放大 1700 倍图像，均可清晰地看到二者石英微晶体、丝缕状的白云母（伊利石）、叶片状绿泥石及其他黏土矿物；图 3.34（c）则展现了

矿物局部在放大 3000 倍下的图像，此时，可以清晰地看出丝缕状白云母的解理，且石英晶体有明显加大的现象。

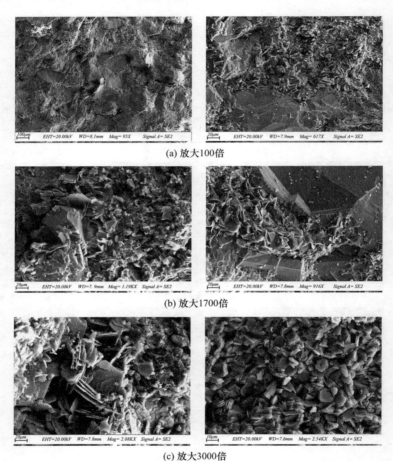

(a) 放大100倍

(b) 放大1700倍

(c) 放大3000倍

图 3.34　pH＝5 溶液中浸泡 15d 后砂岩在电镜下的微观形貌

从不同水化学溶液浓度环境条件下砂岩损伤演化结果对比图可知：

（1）扫描过后的图片明显可以看出砂岩孔隙变大，且微小裂隙也逐渐生成，这说明经过水岩化学作用，腐蚀前后砂岩骨架产生了明显的变化。

（2）经过酸性条件腐蚀后，黏土矿物首先被溶解，石英颗粒脱落，裂缝面粗糙度发生变化，表面碎屑颗粒溶解于溶液中，沉淀则聚集在裂缝面表面。

3.3.3 水化损伤孔隙度的变化

用核磁共振 T_2 谱描述岩石的孔隙结构时，横向弛豫时间 T_2 的大小主要决定孔径的尺寸，T_2 谱峰值即核磁信号幅度大小代表岩石孔隙数量的多少。通常，小孔隙组对应较小的 T_2 值，大孔隙组对应较大的 T_2 值；而 T_2 谱中代表信号幅度的纵坐标值越大，相应孔径孔隙的数量就越多。为便于对不同孔径的孔隙组进行区分，将 $T_2<10ms$ 对应的孔隙视为小孔径孔隙，$T_2>10ms$ 对应的孔隙视为大孔径孔隙，以此来界定不同尺寸的孔隙。

基于 NMR 试验方法，对不同温度条件下砂岩水化损伤后的孔隙度进行测量。表 3.9 为不同温度下砂岩水化损伤后的孔隙度及其变化率。

岩石孔隙度及其变化率　　　　表 3.9

岩样编号	温度（℃）	pH 值	初始孔隙度（%）	浸泡后孔隙度（%）	孔隙度变化量（%）	孔隙度变化率（%）
H1-1	20	1	11	13.7	2.7	24.55
H1-2	40	1	11.2	15.1	3.9	34.82
H1-3	60	1	11.3	16.3	5	44.25
H1-4	80	1	11.5	17.3	5.8	50.43
H4-1	20	4	11.2	12.8	1.6	14.29
H4-2	40	4	11.6	14.3	2.7	23.28
H4-3	60	4	11.4	14.8	3.4	29.82
H4-4	80	4	11.3	15.3	4	35.40

由表 3.9 可知，在相同溶液中，岩石外界环境温度升高，孔隙度不断增大，但在不同化学溶液中岩样的增大幅度不同。在不同温度条件下，砂岩孔隙度有了不同程度的提高，在 $pH=1$ Na_2SO_4 溶液中，$T=20℃$ 时孔隙度增大 24.55%，$T=40℃$ 时孔隙度增大 34.82%，$T=60℃$ 时孔隙度增大 44.25%，$T=80℃$ 时孔

隙度增大 50.43%；在 pH＝4 Na_2SO_4 溶液中，T＝20℃时孔隙度增大 14.29%，T＝40℃时孔隙度增大 23.28%，T＝60℃时孔隙度增大 29.82%，T＝80℃时孔隙度增大 35.40%；这说明在相同溶液中，外界温度越高，砂岩孔隙度增大越多，岩石内部结构损伤越严重。

在 pH＝1 Na_2SO_4 溶液中，砂岩从 20～80℃孔隙度变化率分别增加了 10.27%、9.43%和 6.18%；在 pH＝4 Na_2SO_4 溶液中，砂岩从 20～80℃孔隙度变化率分别增加了 8.99%、6.54%和 5.58%；对于相同溶液，孔隙度变化率不断增加。随着外界温度的升高，岩石内部矿物成分与酸性化学溶液的化学反应速率会提高，岩石孔隙不断扩大，溶液不断深入岩石矿物内部，岩石内部矿物成分与化学溶液的接触面积增加，从而使岩石孔隙度不断升高。

图 3.35 为各岩样在不同水化学溶液中浸泡 15d 后的核磁孔隙度分量随横向弛豫时间的变化曲线（简记为孔隙度分量曲线），该曲线与横坐标所围成的积分面积代表岩样浸泡 15d 后的总孔隙度。由图 3.35 可以看出，各岩样的孔隙度分量曲线均存在明显的两个峰值，为双峰形曲线。第 1 个峰值区间对应的横坐标 T_2＜10ms（左峰），即代表小孔隙组的数量；而第 2 个峰值区间对应 T_2＞10ms（右峰），为大孔隙组的数量。在 T_2＝10ms 左右，各岩样孔隙度分量均为 0，表示岩样中缺少该部分 T_2 所对应的孔径，即左峰和右峰是彼此独立分布的，故该岩样的孔径分布比较分散，岩样内部的大小孔隙组是孤立存在的。此外，在同一曲线中，不同孔径的孔隙组对应的孔隙度（积分面积）有一定差异，其中小孔隙组（对应 T_2＜10ms）的孔隙度在总孔隙中占有的比例要远大于大孔隙组（T_2＞10ms），表明泥岩发生水化损伤后绝大多数孔隙为微小孔隙组。据此可以推测小孔隙数量的增多是岩样发生水化损伤的主要原因，或者说与大孔径孔隙组相比，小孔隙组的演化对岩样的水化损伤影响更大。

岩样在发生水化损伤的过程中，其微细观孔隙结构并不是一成不变的。为了对岩样在水化损伤过程中孔隙结构的演化规律进行描述，以下将对不同溶液中浸泡的损伤岩样全过程的核磁共振 T_2 谱分布进行对比分析。图 3.36 为岩样在不同溶液中浸泡 0～3h

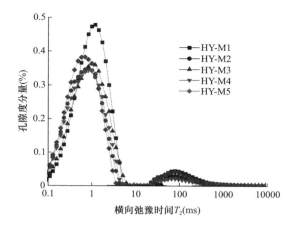

图 3.35　各岩样浸泡 15d 后孔隙度分量与横向弛豫时间的关系曲线

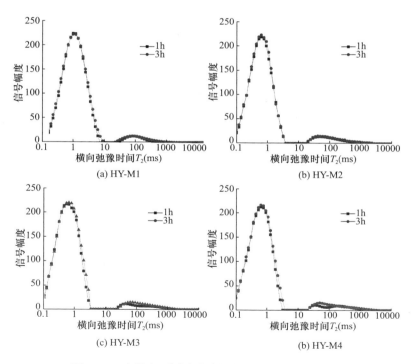

图 3.36　岩样在不同溶液中浸泡 0~3h 的 T_2 谱曲线

的 T_2 谱曲线。不难看出,在最初的 3h 内,不同时间点测得的 T_2 谱曲线几乎趋于重合,表明岩样的孔隙结构变化在 0~3h 时不明显,此过程并未产生明显的新裂纹,岩样发生水化损伤的程度较轻。

从第 1d 开始,分别隔 2d、3d、4d、5d 对岩样进行核磁共振测试,如图 3.37 所示。显然这一阶段,2 个峰值均显著增高并向右发生偏移,大小孔隙组均发生扩展,裂纹继续产生并加剧扩展为大孔隙,在 10d 以后峰值变化不再明显,说明此阶段岩样中的裂纹已部分贯通。

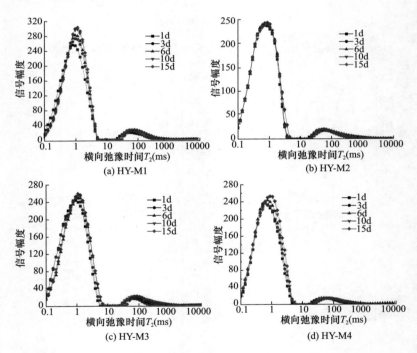

图 3.37 岩样在不同溶液中浸泡 1~15d 的 T_2 谱曲线

综上,岩样发生水化损伤后,核磁共振 T_2 谱主要有明显的两个峰,第 1 个峰值的信号幅度变化明显大于第 2 个峰值,岩样水化损伤后孔隙结构的组成中小孔隙组数量的占比较大。

对于砂岩，浸泡在不同化学溶液中 10d 后 T_2 的变化曲线如图 3.38 所示，孔隙度分量曲线与其横坐标所围成的面积表示为岩样的总孔隙度。砂岩的 T_2 为双峰形曲线，存在明显左峰和右峰。第一个峰值对应的横坐标 $0.1ms < T_2 < 100ms$，代表小孔隙组的数量；而第二个峰值对应 $T_2 > 100ms$，仅代表大孔隙组的数量。在岩样核磁共振 T_2 曲线两峰之间，有一段横线弛豫时间对应的孔隙度分量数值为 0，这表示岩样中缺失该部分 T_2 所对应的孔径，即第一峰和第二峰是独立分布的，表明岩样的孔径分布不均匀。对任一曲线，不同孔径对应的孔隙度有一定的差异。其中小孔隙组（对应 $0.1ms < T_2 < 100ms$）的孔隙度在总孔隙度的占比要大于大孔隙组（对应 $T_2 > 100ms$）总孔隙度的占比，表明砂岩发生化学腐蚀后绝大多数孔隙为小孔隙组。据此可以看出化学腐蚀下孔隙度增加的主要原因为小孔隙数量的萌生和扩展。图 3.38 显示砂岩 T_2 谱核磁共振的信号强度在 16ms 时最大，说明 16ms 对应孔隙度占总孔隙度比重最大。

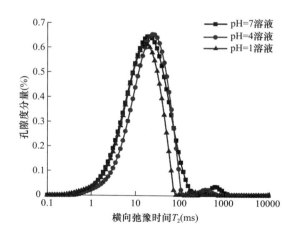

图 3.38　砂岩浸泡在不同化学溶液 10d 后 T_2 谱曲线

图 3.39 为砂岩在不同化学溶液浸泡不同时刻的 T_2 谱曲线；在 pH＝1 溶液中，在浸泡 1～5d 时间段，核磁共振 T_2 谱曲线的左峰和右峰均升高，其中第一个峰值发生明显升高和小幅度右移，

第二个峰值仅出现小幅度增大，这说明岩样在浸泡后孔隙分布发生了改变；砂岩的两个峰出现增高现象，说明岩石在化学腐蚀作用下不断形成微裂纹，产生了较多的小孔隙，一些小孔隙逐渐发生扩展成为较大的孔隙，但是，第二个峰对应的孔隙度分量变化远不及第一个峰，这是因为大孔隙组的数量随着浸泡时间发生的变化很小。在浸泡 5～10d 时间段看出岩石孔隙结构发生明显变化，岩石第一个峰和第二个峰均发生明显右移，说明在化学溶液浸泡 10d 后小孔隙不断增长的同时，小孔隙扩展为较大孔隙；并且小裂缝的产生使若干个小孔隙发生扩展和贯通，形成了更大的孔隙。由图 3.39(b)、图 3.39(c) 可知，在 pH＝4 溶液和 pH＝7

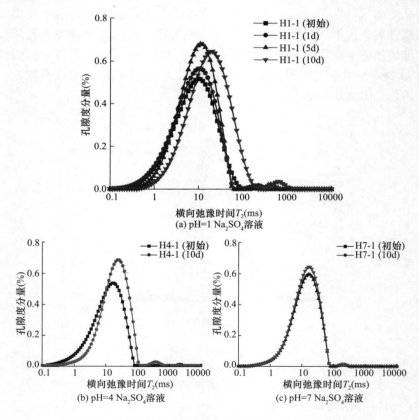

图 3.39　砂岩在不同化学溶液浸泡不同时刻的 T_2 谱曲线

溶液浸泡 10d 后，第一个峰和第二个峰均出现升高和右移，峰值升高程度大小为 pH＝7 溶液＜pH＝4 溶液＜pH＝1 溶液，说明砂岩的化学效应明显，岩石所处溶液酸性越强，岩石小孔隙组数量就越大，且岩石内部孔隙有从小孔隙组向较大孔隙组扩展的趋势。

不同时刻砂岩岩样峰面积占比变化情况如表 3.10 所示，对比初始岩样峰总面积，岩石在浸泡后峰总面积发生明显变大，岩石 T_2 谱出现了右峰。在不同溶液浸泡 10d 后，pH＝1 溶液第二个峰面积占比增加最大为 0.93％，pH＝4 溶液和 pH＝7 溶液第二个峰面积占比增加了 0.87％和 0.08％；在 pH＝1 溶液浸泡 10d 后，第二个峰面积发生小幅度变大，在 1d、5d、10d 时刻第二峰面积占比分别为 0.51％、0.70％和 1.43％。这是因为岩石可溶解矿物的溶解、岩石碎屑和胶结物质与溶液的反应，砂岩小孔隙不断变多、萌生、发育，最后若干个小孔隙贯通成为大孔隙，砂岩的第二个峰面积随着浸泡时间的增加出现并增大，其峰面积百分比呈现不断增大的趋势。综合前节变化规律，究其原因可知，岩石在化学溶液中发生化学反应，岩石内部物质随溶液流出，溶液酸性越强，岩石孔隙度降低越大，且岩石在溶液中随着浸泡时间的增加，溶液不断深入砂岩内部与矿物发生腐蚀反应，进一步破坏砂岩内部结构，使得小孔隙逐渐扩展为较大孔隙或形成贯通，最终成为大孔隙。

不同时刻砂岩岩样峰面积占比变化情况　　　　表 3.10

岩样编号	浸泡时间	峰总面积	第一个峰面积占比（％）	第二个峰面积占比（％）
H1-1	初始	15230.45	99.50	0.50
H1-1	1d	15470.94	99.49	0.51
H1-1	5d	16543.8	99.30	0.70
H1-1	10d	18859.63	98.57	1.43
H4-1	初始	15520.12	99.86	0.14
H4-1	10d	18434.43	98.99	1.01
H7-1	初始	15324.31	98.48	0.52
H7-1	10d	17508.35	99.40	0.60

上面讲述了不同化学溶液不同时间下的砂岩变化规律，现对不同温度条件下砂岩水化损伤后的孔隙度进行测量，如表 3.11 所示。

岩石孔隙度及其变化率 表 3.11

岩样编号	温度（℃）	pH 值	初始孔隙度（%）	浸泡后孔隙度（%）	孔隙度变化量（%）	孔隙度变化率（%）
H1-1	20	1	11	13.7	2.7	24.55
H1-2	40	1	11.2	15.1	3.9	34.82
H1-3	60	1	11.3	16.3	5	44.25
H1-4	80	1	11.5	17.3	5.8	50.43
H4-1	20	4	11.2	12.8	1.6	14.29
H4-2	40	4	11.6	14.3	2.7	23.28
H4-3	60	4	11.4	14.8	3.4	29.82
H4-4	80	4	11.3	15.3	4	35.40

由表 3.11 可知，在相同溶液中，随着岩石外界环境温度的升高，孔隙度不断增大，但不同化学溶液中岩样的增大幅度不同。在不同温度条件下，砂岩孔隙度有了不同程度的提高，在 pH=1 Na_2SO_4 溶液中，$T=20℃$ 时孔隙度增大 24.55%，$T=40℃$ 时孔隙度增大 34.82%，$T=60℃$ 时孔隙度增大 44.25%，$T=80℃$ 时孔隙度增大 50.43%；在 pH=4 Na_2SO_4 溶液中，$T=20℃$ 时孔隙度增大 14.29%，$T=40℃$ 时孔隙度增大 23.28%，$T=60℃$ 时孔隙度增大 29.82%，$T=80℃$ 时孔隙度增大 35.40%；这说明在相同溶液中，外界温度越高，砂岩孔隙度增大越多，岩石内部结构损伤越严重。

在 pH=1 Na_2SO_4 溶液中，砂岩从 20～80℃孔隙度变化率分别增加了 10.27%、9.43%和 6.18%；在 pH=4 Na_2SO_4 溶液中，砂岩从 20～80℃孔隙度变化率分别增加了 8.99%、6.54%和 5.58%；对于相同溶液，孔隙度变化率不断增加。随着外界温度的升高，岩石内部矿物成分与酸性化学溶液的化学反应速率会提高，岩石孔隙不断扩大，溶液不断深入岩石矿物内部，内部矿物成分与化学溶液的接触面积增加，从而使岩石孔隙度不断升高。

图 3.40 为砂岩在不同温度条件下浸泡 10d 后的核磁共振 T_2 谱曲线。由图 3.40 可知，随着温度升高，砂岩在 pH＝1 Na₂SO₄ 溶液中孔隙度发生了明显的变化。图 3.41 为砂岩在不同温度和不同时刻下的 T_2 谱曲线，由图可知，T_2 谱曲线不仅在信号幅度上有所增加，而且曲线形态也发生了改变，第一个峰和第二个峰均发生明显升高和右移，第二个峰与第一个峰连接。这说明岩石原有的小孔隙不断增多，小孔隙不断扩展成为较大孔隙，较大孔隙的数量增多，同时岩石产生的裂缝和小孔隙将原本孤立存在的多个小孔洞连通起来，使得大孔隙数量也发生了明显的增加，岩石损伤加剧。

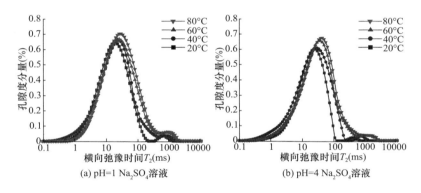

(a) pH＝1 Na₂SO₄溶液　　　　(b) pH＝4 Na₂SO₄溶液

图 3.40　砂岩在不同温度条件下 T_2 谱曲线

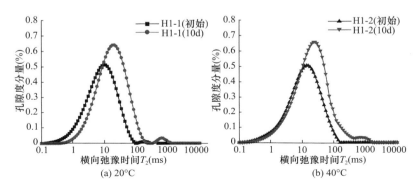

(a) 20℃　　　　(b) 40℃

图 3.41　砂岩在 pH＝1 Na₂SO₄ 溶液不同温度、不同时刻下的 T_2 谱曲线（一）

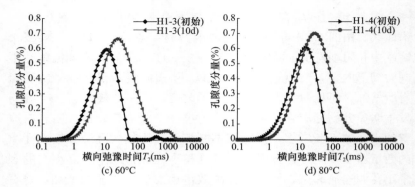

图 3.41　砂岩在 pH＝1 Na₂SO₄ 溶液不同温度、不同时刻下的 T_2 谱曲线（二）

上面讲述了不同温度不同时间下的砂岩变化规律，现对不同浸泡时间下砂岩水化损伤后 T_2 谱面积进行测量，如表 3.12 所示。

核磁共振 T_2 谱面积占比　　　　　　　　表 3.12

岩样编号	温度（℃）	pH 值	浸泡时间	峰总面积	第一峰面积占比（%）	第二峰面积占比（%）	第二峰变化量（%）
H1-1	20	1	初始	14452.01	99.60	0.40	1.03
H1-1	20	1	10d	17998.11	98.57	1.43	
H1-2	40	1	初始	15098.21	99.80	0.21	2.06
H1-2	40	1	10d	20355.62	97.73	2.27	
H1-3	60	1	初始	16115.61	99.50	0.49	3.24
H1-3	60	1	10d	23243.75	96.27	3.73	
H1-4	80	1	初始	16984.10	99.79	0.21	3.91
H1-4	80	1	10d	25246.12	95.88	4.12	
H4-1	20	4	初始	14762.36	98.99	1.01	0.81
H4-1	20	4	10d	16842.28	99.80	0.20	
H4-2	40	4	初始	15419.60	98.90	1.10	0.91
H4-2	40	4	10d	18994.96	99.81	0.19	
H4-3	60	4	初始	15846.95	96.93	3.07	2.76
H4-3	60	4	10d	20343.45	99.69	0.31	
H4-4	80	4	初始	16361.50	95.92	4.08	3.67
H4-4	80	4	10d	22163.41	99.59	0.41	

岩石孔隙度越大，T_2 谱面积也越大。不同时刻砂岩岩样峰面积占比变化情况如表 3.10 所示。由表 3.10 可知，不同温度条件下峰总面积均有所增大，岩石 T_2 谱第二个峰面积有明显增大。在 pH＝1 溶液中，$T＝80℃$ 砂岩第二个峰面积占比增加了 3.91％，$T＝60℃$、$T＝40℃$、$T＝20℃$ 砂岩第二个峰面积占比分别为 3.24％、2.06％、1.03％；在 pH＝4 溶液中，$T＝80℃$ 砂岩第二个峰面积占比增加了 3.67％，$T＝60℃$、$T＝40℃$、$T＝20℃$ 砂岩第二个峰面积占比分别为 2.76％、0.91％、0.81％；在相同温度，pH＝4 Na_2SO_4 溶液中大孔隙数量增加量比在 pH＝1 Na_2SO_4 溶液中较小，说明岩样受到温度作用时，化学反应作用不容忽视，对不同温度条件下水化损伤孔隙度变化究其原因发现：其一，温度升高使得岩石受到热胀作用，引起岩石内部局部损伤，同时引起微裂缝的产生，使岩石孔隙度变大；其二，温度升高会促进岩石在溶液中的水解作用，使岩石内部矿物溶于溶液，使岩石孔隙度变大；其三，化学溶液与岩石的反应速率受温度的影响显著，温度促进岩石矿物颗粒的溶解，加快溶液侵入砂岩内部，岩样内部与溶液大面积接触，使岩石孔隙度增大。

3.3.4　水化损伤孔隙分形维数

NMR 试验的样品为圆柱状，能够测量页岩孔径分布特征，从而表征岩石样品的非均质性。目前研究表明：孔隙结构越复杂，其非均质性越强，分形维数越高。对于 NMR 分形维数，近几年来已经有比较广泛的应用，目前核磁共振 T_2 谱对应的分形几何近似方程为：

$$S_v = \left(\frac{T_{2\max}}{T_2} \right)^{D-3} \tag{3.8}$$

进一步推导为：

$$\lg S_v = (3 - D)\lg T_2 + (D - 3)\lg T_{2\max} \tag{3.9}$$

式中，S_v 为横向弛豫时间小于 T_2 时的累积孔隙体积占总孔隙体积百分比；D 为分形维数；$T_{2\max}$ 为最大弛豫时间。

以上一节中的泥岩为试验试样，对岩样水化损伤 15d 后的核磁共振横向弛豫时间 T_2 谱分布进行分析，通过计算得到横向弛豫时间 T_2 的对数值（$\lg T_2$）与岩样累积孔隙体积分数 S_v 的对数值（$\lg S_v$），从不同角度出发对二者进行了相关性分析，结合式（3.9）对不同孔径（与 T_2 一一对应）范围对应的岩样孔隙结构分形维数进行了计算，结果见表 3.13。

泥岩浸泡 15d 后的孔隙结构分形维数　　　　表 3.13

岩样编号	D_{NMR}	相关系数（R^2）	D_{NMR1}	相关系数（R^2）	D_{NMR2}	相关系数（R^2）
HY-M1	2.742	0.460	2.986	0.823	1.897	0.821
HY-M2	2.807	0.427	2.986	0.870	2.155	0.763
HY-M3	2.773	0.445	2.989	0.840	2.019	0.800
HY-M4	2.803	0.426	2.991	0.856	2.133	0.775

注：D_{NMR} 是利用全部横向弛豫时间 T_2 谱求取的分形维数；D_{NMR1} 为利用较大孔径孔隙对应的 T_2 谱（$T_2 > 10ms$）求取的分形维数；D_{NMR2} 为利用较小孔径孔隙对应的 T_2 谱（$T_2 < 10ms$）求取的分形维数；各分形维数对应的相关系数则是根据回归方程所得。

在不同溶液中浸泡 15d 后的岩样孔隙结构分形维数表明：利用全部 T_2 谱求取的孔隙分形维数 D_{NMR} 保持在 2.742～2.807 的范围内；而利用大尺寸孔隙对应的 T_2 谱数据计算的孔隙分形维数 D_{NMR1}（2.986～2.991）明显大于利用较小尺寸孔隙对应的 T_2 谱求取的分形维数 D_{NMR2}（1.897～2.155）。这一现象说明了该岩样孔隙结构分形维数的求取与参考的孔隙半径区间有关，当所选取的孔隙尺度范围不同时，会得到不同的孔隙分形维数。大尺寸孔隙组对应的孔隙结构分形维数明显大于小孔隙组，而孔隙结构分形维数反映了孔隙结构的复杂程度，由此也说明大孔隙组的孔隙结构复杂程度要大于小孔隙组。由此可见，岩样的孔隙结构具有多重分形特征。

3.3.5　水化损伤量化分析

岩石发生破坏是岩石累积损伤达到一定限值的结果。内部矿物变化引起物理参数的改变，从微小裂缝发育与扩展为大裂缝的累积是力学范围的破坏。本节将微观试验结果联合损伤力学理论，对岩石在不同温度作用下的孔隙度变化和弹性模量进行下列假设：

（1）砂岩有初始无损伤状态，即孔隙度为 0；

（2）温度作用前砂岩是第一损伤状态，孔隙度为 φ_1，这是岩石自身固有的自然损失；

（3）温度作用后砂岩是第二损伤状态，孔隙度为 φ_2，包括岩石自身存在的损伤和温度损失两部分；

（4）损伤为正值。

岩石在不同条件受到外力作用下展示出不同的劣化损伤状况。以无损状态为基准，将砂岩在温度作用前后的损伤状态分为第一自然损伤状态和第二温度损伤状态，结合宏观损伤理论分析砂岩的损伤程度。

砂岩损伤变量定义为：

$$D = 1 - \frac{E}{E_0} \tag{3.10}$$

式中，D 为损伤变量；E 为损伤后的弹性模量；E_0 为损伤前的初始弹性模量。

根据定义的初始无损伤基准状态，砂岩在外力作用下的损伤变量用下列公式表示：

$$D_1 = 1 - \frac{E_1}{E_0} \tag{3.11}$$

$$D_2 = 1 - \frac{E_2}{E_0} \tag{3.12}$$

式中，D_1、D_2 为第一自然损伤状态和第二温度损伤状态的损伤变量；E_1、E_2 为第一和第二损伤状态的弹性模量。

通过式（3.11）和式（3.12），可以计算温度损伤变量 D_T：

$$D_T = D_2 - D_1 = \frac{E_1}{E_0} - \frac{E_2}{E_0} = \frac{E_1 - E_2}{E_0} \tag{3.13}$$

弹性模量和孔隙度变化呈线性正相关关系，可用下式表示：

$$E_2 = E_1 - K_1(\phi_2 - \phi_1) \tag{3.14}$$

$$E_2 = E_2 - K_2\phi_2 \tag{3.15}$$

式中，K_1、K_2 为弹性模量与温度损伤前后孔隙度变化、温度损伤后孔隙度关系的拟合系数；ϕ_1、ϕ_2 为温度损伤前和温度损伤后岩石的孔隙度；$\phi_2 - \phi_1 = \Delta\phi$ 为温度损伤前后孔隙度变化量。

将式（3.14）和式（3.15）代入式（3.13）中，得到：

$$D_{\mathrm{T}} = \frac{K_1(\phi_2 - \phi_1)}{E_2 + K_2\phi_2} \tag{3.16}$$

从公式中可见，孔隙度变化可以计算砂岩的损伤变量，反映损伤程度；将宏观力学理论和微细观 NMR 参数相结合，则损伤变量可更全面地表示岩样的损伤程度。

参 考 文 献

[1] 刘新荣，傅晏，郑颖人，等. 水岩相互作用对岩石劣化的影响研究 [J]. 地下空间与工程学报，2012，8（1）：77-82+88.

[2] 张衡. 糯扎渡水电站溢洪道消力塘边坡水岩作用机理研究 [D]. 成都：成都理工大学，2008.

[3] 姚华彦. 化学溶液及其水压作用下灰岩破裂过程宏细观力学试验与理论分析 [D]. 武汉：中国科学院研究生院（武汉岩土力学研究所），2008.

[4] 周虎. 应力作用下的储层页岩力学性能及其渗透性研究 [D]. 重庆：重庆大学，2019.

[5] 邓华锋，王哲，李建林，等. 低孔隙水压力对砂岩卸荷力学特性影响研究 [J]. 岩石力学与工程学报，2017，36（S1）：3266-3275.

[6] 付翔宇. 兰州红砂岩遇水强度变化特性及崩解破碎分形特征研究 [D]. 兰州：兰州大学，2020.

[7] 李刚. 水岩耦合作用下软岩巷道变形机理及其控制研究 [D]. 阜新：辽宁工程技术大学，2009.

[8] 陈钢林，周仁德. 水对受力岩石变形破坏宏观力学效应的试验研究 [J]. 地球物理学报，1991（3）：335-342.

[9] 吕成远，王建，孙志刚. 低渗透砂岩油藏渗流启动压力梯度试验研究 [J]. 石油勘探与开发，2002，29（2）：86-89.

[10] 张娜，赵方方，王水兵，等. 岩石孔隙结构与渗流特征核磁共振研究综述 [J]. 水利水电技术，2018，49（7）：28-36.

[11] 王思敬，马凤山，杜永廉. 水库地区的水岩作用及其地质环境影响 [J]. 工程地质学报，2014，10（3）：11-12.

[12] LOUIS C. Rock hydraulics in rock mechanics [M]. New York：Ver-

lay Wien，1974.

[13]　黄武峰，刘鹏程，郭建强，等. 干湿和冻融循环作用下泥质白云岩宏观劣化 [J]. 科学技术与工程，2020，20（2）：747-754.

[14]　刘新荣，李栋梁，张梁，等. 干湿循环对泥质砂岩力学特性及其微细观结构影响研究 [J]. 岩土工程学报，2016（7）：1291-1300.

[15]　徐光苗. 寒区岩体低温、冻融损伤力学特性及多场耦合研究 [D]. 武汉：中国科学院研究生院（武汉岩土力学研究所），2006.

[16]　张君岳. 红砂岩冻融循环条件下损伤演化规律研究 [D]. 重庆：重庆大学，2020.

[17]　周科平，李杰林，许玉娟，等. 冻融循环条件下岩石核磁共振特性的试验研究 [J]. 岩石力学与工程学报，2012，31（4）：731-737.

[18]　张志敏. 水化作用下软岩的膨胀-蠕变-损伤特性研究 [D]. 湘潭：湖南科技大学，2018.

[19]　COA TES G，肖立志，PRAMMER M. 核磁共振测井原理与应用 [M]. 孟繁萤，译. 北京：石油工业出版社，2007.

[20]　赵迪斐，郭英海，解德录，等. 基于低温氮吸附试验的页岩储层孔隙分形特征 [J]. 东北石油大学学报，2014，38（6）：100-108.

[21]　SONG Z Z，LIU G D，YANG W W，et al. MulTi fracTal DisTribuTion Analysis for Pore STrucTure CharacTerizaTion of TighT SandsTone：A Case STudy of The Upper Paleozoic TighT FormaTions in The Long dong DisTricT，Ordos Basin [J]. Marine and PeTroleum Geology，2018，92：842-854.

[22]　TANG L，SONG Y X，JIANG Z X，et al. Pore STrucTure and FracTal CharacTerisTics of DisTincT Thermally MaTure Shales [J]. Energy and Fuels，2019，33（6）：5116-5128.

[23]　Al-MAHROOQI S H，GRATTONI C A. MOSS A K，et al. An InvesTigaTion of The EffecT of WeTTabiliTy on NMR CharacTerisTics of SandsTone Rock and Fluid SysTems [J]. Journal of PeTroleum Science and Engineering，2003，39（3/4）：389-398.

[24]　SHAO X H，PANG X Q，LI H，et al. FracTal Analysis of Pore NeTwork in TighT Gas SandsTones Using NMR MeThod：A Case STudy from The Ordos Basin，China [J]. Energy and Fuels，2017，31（10）：10358-10368.

[25]　余寿文，冯西桥. 损伤力学 [M]. 北京：清华大学出版社，1997.

[26] 钱会，马致远. 水文地球化学 [M]. 北京：地质出版社，2005.

[27] 罗孝俊，杨卫东，李荣西，等. pH 值对长石溶解度及次生孔隙发育的影响 [J]. 矿物岩石地球化学通报，2001，20（2）：103-107.

[28] 肖奕，王汝成，陆现彩，等. 低温碱性溶液中微纹长石溶解性质研究 [J]. 矿物学报，2003，23（4）：333-340.

第4章

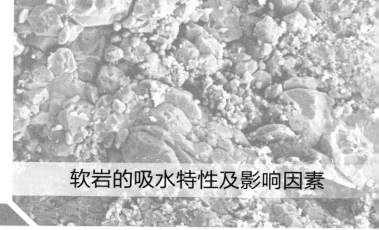

软岩的吸水特性及影响因素

岩石等孔隙材料与介质的吸水现象普遍存在于自然界与人为工程中，吸水过程可对地下岩体稳定性、建筑材料耐久性、油气工程开采率等因素产生重要影响，因此吸水特性研究受到地下工程、建筑材料、土木工程、石油工程等多领域的关注和重视。

长期以来，深部开采工程中软岩稳定性控制问题备受关注。特别是含有高膨胀性黏土矿物的软岩巷道，在高地应力与水的作用下，岩体强度损伤明显，导致软岩巷道发生大变形甚至塌方。这类软岩对温度、湿度、应力和地下水等环境因素极为敏感。特别是湿度条件变化时，软岩的性质与状态会发生很大变化，吸水后产生体积膨胀，强度降低。此时，因水造成的强度损伤比力学因素造成的损伤更为严重。本章主要介绍岩石在不同环境中的吸水特性及其影响因素与吸水前后变化。

4.1 吸水特性

4.1.1 吸水物理指标

1. 吸水率

岩石在一定试验条件下吸收水分的能力称为岩石的吸水性。常用吸水率、饱和吸水率、含水率与饱水系数等指标表示，即：

$$\omega_a = \left(\frac{m_{\omega l}}{m_r}\right) \times 100\% \tag{4.1}$$

实测时先将岩样烘干并测定干质量，然后浸水饱和。岩石吸水率的大小取决于岩石所含孔隙数量和细微裂缝的连通情况，孔隙越大、越多，孔隙和细裂缝的连通情况越好，则岩石的吸水率越大，因而岩石的质量越差。

2. 饱和吸水率

岩石的饱和吸水率 ω_a 又称为饱水率，是指岩石试件在高压（一般压力为 15MPa）或真空条件下吸入水的质量 $m_{\omega 2}$ 与岩样干质量 m_r 之比，一般也用百分数表示，即：

$$\omega_{sat} = \left(\frac{m_{\omega 2}}{m_r}\right) \times 100\% \tag{4.2}$$

在高压条件下，通常认为水能进入岩样所有的裂隙和孔隙中。现在的试验用高压设备，压力已达 15MPa，但由于高压设备较为复杂，因此实验室常用真空抽气法或煮沸法使岩样饱和。饱水率对岩石的抗冻性具有较大的影响。饱水率越大，表明岩石含水越多，因此，在冻结过程中就会对岩石中的孔隙、裂隙等结构产生较大的附加压力，从而引起岩石的破坏。

3. 岩石的含水率

岩石的含水率 ω 是指岩石空隙中含水的质量 m_{ω} 与岩石的干质量 m_r（不包括孔隙中水）之比，一般用百分数表示，即：

$$\omega_{sat} = \left(\frac{m_{\omega 2}}{m_r}\right) \times 100\% \tag{4.3}$$

4. 饱水系数

岩石的吸水率 ω_a 与饱和吸水率 ω_{sat} 之比，称为饱水系数，用 K_w 表示，即：

$$K_w = \frac{\omega_a}{\omega_{sat}} \tag{4.4}$$

一般岩石的饱水系数介于 0.5～0.8，饱水系数对于判别岩石的抗冻性具有重要意义。几种常见岩石的饱水系数见表 4.1。

几种常见岩石的饱水系数 　　　　表 4.1

岩石名称	吸水率（%）	饱和吸水率（%）	饱水系数
花岗岩	0.46	0.84	0.55
石英闪长岩	0.32	0.54	0.59

岩石名称	吸水率（%）	饱和吸水率（%）	饱水系数
玄武岩	0.27	0.39	0.69
基性斑岩	0.35	0.42	0.83
云母片岩	0.13	1.31	0.10
砂岩	7.01	11.99	0.60
石灰岩	0.09	0.25	0.36
白云质岩	0.74	0.92	0.80

4.1.2　吸水试验方法

1. 岩石的浸泡吸水试验

国内外采用的较为普遍的岩石吸水性测试方法有表面吸水法和块体吸水法。岩石表面吸水法较多采用卡斯滕瓶法进行岩石表面吸水渗透能力的测试，这种测试方法主要用在古建筑与文物的石质风化及其防护效果的测试。

对于岩石块体的吸水性测试方法有三种：自由浸水法，煮沸法和真空抽气法。依据国家标准《工程岩体试验方法标准》GB/T 50266—2013，对于遇水不会发生崩解的岩石，岩石吸水率的测试采用自由浸水法测，岩石饱和吸水率的测试则采用煮沸法或者真空抽气法进行测定。自由浸水法的测试步骤是首先将岩石试件放入水槽，注水至岩样高度的 1/4 处，然后每隔 2h 分别注水至岩样高度的 1/2 和 3/4 处，6h 后将岩石试件浸没。当岩石试件在水中自由浸泡 48h 后取出，沾去试样表面的水分后进行称量，以此计算出岩块的吸水率（%）。煮沸法则是将岩样放入加热容器中，使水面始终高于岩石试件，其中煮沸时间不少于 6h，煮沸后将岩样放在原加热容器中冷却至室温，然后取出岩石试件，沾去其表面的水分后进行称量。真空抽气法通过将岩石样品放入饱和容器内，其中饱和容器内的水面应始终高于试件，然后在 100kPa 的真空压力下真空 4h 以上，直至无气泡逸出，将经真空抽气完成后的试件放在原先的容器中，并在大气压力下静置 4h 后取出，沾去岩石样品表面水分后再进行称量。

在国内外水理特性研究中，有关吸水率、饱和吸水率以及吸水后产生的力学与化学效应、岩石吸水后微观结构形态的变化等研究中所采用的吸水试验方法多为浸泡法。

上述岩石吸水性测试方法中，岩石表面吸水测试采用的卡斯腾瓶法，由于其容水量小，故只适用于对材料的浅表面进行短时间内的吸水性和渗透能力的测试，而浸泡吸水法、煮沸吸水法和真空抽气吸水法则适用于对岩芯或者岩块进行吸水测试。

2. 无水压吸水试验方法

无水压吸水试验系统如图 4.1 所示。吸水试验主要步骤如下：（1）选择试样，测量试样尺寸、质量。（2）将带孔塑料板粘结于玻璃漏斗上。（3）架设计量管和漏斗。（4）注水，使计量管中的液面与漏斗中的液面保持相平，当水开始从塑料板上的孔溢出时停止注水，将滤纸置于塑料板中间的大孔上，目的是防止岩石吸水后底面有碎屑剥落到漏斗中。（5）等滤纸吸水饱和后，将试样放置在滤纸上，同时迅速计时读数。（6）记录计量管中读数及相应的时间，开始试验。（7）观察计量管中液面变化情况，如果液面下降，向管中注水，使读数与初始读数一致。（8）重复步骤（7），直至计量管中液面不再变化为止。（9）整理试验数据，根据测试记录的吸水时间 t 和相对应的吸水量 Q，绘制软岩吸水量随吸水时间变化的吸水特征 Q-t 曲线。

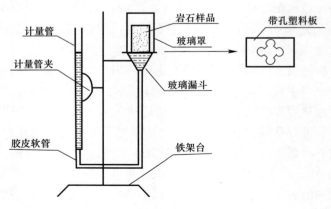

图 4.1　无水压吸水试验系统

3. 有水压吸水试验方法

有水压吸水试验系统如图4.2所示。吸水试验主要步骤包括：粘样，架设仪器，接胶管，注水，排空管中空气，打开止水阀，开始试验，按规定时间间隔记录计量管读数（吸水量 Q）。

4. 液态水吸附试验

软岩巷道，特别是含有高膨胀性黏土矿物的软岩巷道，在开挖后，施工用水和潮湿环境空气中的水分会使岩体处于无压力作用下的表面吸水状态，而裂隙水则会使围岩处于具有一定水头压力的单面触水状态。吸水后的巷道岩体，在高地应力作用下，岩

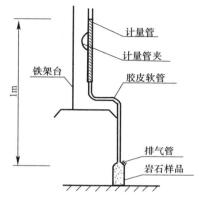

图4.2　有水压吸水试验系统

体强度损伤明显，导致软岩巷道发生大变形甚至塌方。为了更好地模拟深部开采工程的实际情况，何满潮于2008年利用自主研制的"深部软岩水理作用测试仪"，从岩石块体的尺度上模拟深部软岩巷道围岩在有水头压力作用下和无水头压力作用下的单面吸水过程。

深部软岩水理作用智能测试系统如图4.3所示，可对岩石样品所处的吸水环境条件进行设定，模拟现场岩石所处的实际环境，使试验结果更具参考价值。该系统的内部构造如图4.4所示，它主要由以下3部分组成：（1）主体试验箱，由天平托架、岩样放置槽、导水管、水容器、温湿度仪表盘等组成。（2）称重子系统，由数台电子天平组成，可以实时称量水容器中水量的变化，该变化量即为岩石的吸水量。（3）数据采集系统，主要由一台电脑构成，可以采集并存储天平的实时称量数据，经过内部程序转化后将吸水动态变化曲线即时显示在专门的电脑程序界面中。

该系统主要用于研究岩石吸水规律，可以进行各种岩石样品在无水压（模式1）和有水压（模式2）两种模式下的吸水试验。该种试验方法区别于其他方法的主要特点是，它采用端面吸水而

非传统研究中普遍采用的浸泡吸水方式进行试验，同时结合先进的计算机智能数据采集系统，因此可以更准确、更便捷地模拟真实环境中岩石的吸水过程。

图 4.3　深部软岩水理作用智能测试系统

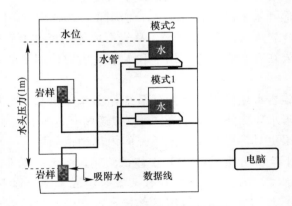

图 4.4　吸水试验装置内部构造

无压吸水试验利用连通器原理，用橡胶管连接制作好的触水漏斗和水箱形成连通器，保持漏斗和水箱的液面高度为统一水平面。将岩石样品放置于触水漏斗上，将岩石样品放置于触水漏斗上，使岩样于漏斗内水面直接接触，实现岩样在无水头作用下进行吸水。通过水箱内水量的测量，计算出岩样在一定时间内的吸水量，从而绘制出岩样在整个试验过程中吸水量随时间的变化曲线，根据绘制的吸水曲线进一步研究岩样在无水头条件下的吸水规律。

采用无压吸水试验具体操作步骤如下：（1）试验前对岩样进行烘干、称重并记录，对系统进行试验前的调试；（2）检查水箱内水位情况，如有需要，向水箱内补水；（3）调整水箱内水位，排除出胶皮管内的气泡，使无压吸水试验水箱底座的水面到达底座顶部，并使其与水箱水面保持在同一水平线上；（4）将岩样放置在无压吸水试验水箱底座上，并将玻璃密封罩上，防止在吸水试验过程中岩石试样表面的水分蒸发；（5）点击"开始"按钮，开始试验。

有水压吸水模式的试验操作方法与无水压试验方法类似，由于裂隙水的存在造成的软岩巷道围岩在具有一定水头高度的水源作用下的吸水，主要用于模拟裂隙渗流作用下的吸水过程。

5. 气态水吸附试验

深部国家重点实验室自主研发了"深部软岩气态水吸附智能测试系统"，系统如图 4.5 所示。通过调节箱体内的温湿度来模拟现场恒温恒湿环境下岩石样品的吸水特性。

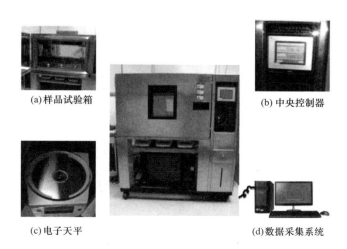

(a)样品试验箱　　(b) 中央控制器

(c)电子天平　　(d)数据采集系统

图 4.5　深部软岩气态水吸附智能测试系统

该系统主要由 4 部分组成，包括样品试验箱、中央控制器、电子天平以及数据采集系统。该设备可以通过调节箱体内的温度和湿度，创造出恒温恒湿的环境，岩石在箱内吸附内部空间的气态水引起本身重量的增加，通过电子天平能够测定岩石吸水后重量变化，即吸水量的变化。天平上所连接的数据传输线将岩石重量变化的数据传送到外部与之连接的电脑上，电脑上的特定软件能将所得数据以时间为横轴、吸水量为纵轴，绘制出岩石气态水吸附的特征曲线。

气态水吸附试验主要操作步骤：（1）试验前，将岩石试样放于真空干燥箱（设定温度 105～110℃）内烘干，然后放入干燥器内冷却至室温，称其质量并记录；（2）箱体内注水至水箱容量的一半，放试样于 PP 棒上，保证 PP 棒和侧壁没有接触，关闭箱门；（3）开启天平，记录 1min 测量值后暂停；（4）开启加温加湿程序；（5）温度和湿度达到设定值（温度 $T=20℃$，湿度 $W=100\%$）后，停止加温加湿；（6）当岩样吸水量不再变化，吸水曲线走势平滑后，停止试验。

6. 动态吸附型试验

动态气态水吸附试验常采用水分吸附分析系统，仪器实物图如图 4.6 所示。仪器通过自动测定样品的重量变化，会自动绘制出吸附量随相对湿度、时间的变化曲线，从而可以研究样品的水分吸附平衡、扩散系数等物化现象。

图 4.6　动态气态水吸附仪（左）和样品容器（右）

研究利用动态重量法测量样品在不同相对湿度下的气态水吸附量，动态吸附气态水试验的过程如下：分别取样品自然状态下粉末试样，置于仪器内部微量天平上，设定 DVS 仪器温度梯度，设定仪器内相对湿度变化的每一个阶段。设定自动收集试样质量和仪器内部相对湿度的间隔时间，当每个湿度阶段 10min 内试样的质量变化低于 0.002%/min 时，便认为该阶段吸附达到平衡状态并自动进入下一个吸附阶段。

4.1.3　吸水特征

吸水曲线特征

（1）液态水的吸附特性

岩石在吸水过程中，吸水量随着吸水时间的增长而增大，吸水速率是逐渐变化的。有压岩样的吸水量和吸水速率总体上要大于无压岩样，其中图 4.7(a) 是吸水量与吸水累积时间在线性坐标系下的关系曲线；图 4.7(b) 是吸水量与吸水累积时间在单对数坐标系下的关系曲线，由图可知岩石的初期吸水速率较大，然后逐渐减慢。而通过图 4.7(c) 双对数坐标系下的岩石吸水特征曲线可以发现，有压吸水岩样的吸水曲线呈直线形，而无压岩样则呈上凸形和下凹形。

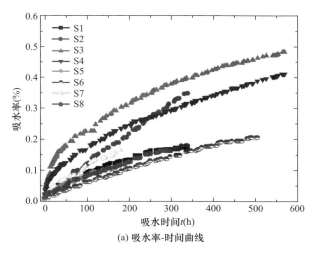

(a) 吸水率-时间曲线

图 4.7　岩石液态水吸水特征曲线（一）

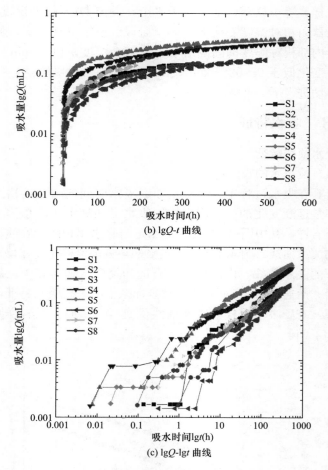

(b) lg$Q$-t 曲线

(c) lg$Q$-lg$t$ 曲线

图 4.7　岩石液态水吸水特征曲线（二）

（2）气态水的吸附特性

在深部煤矿开采工程实践中，巷道围岩由于长期暴露在高温高湿的空气中，岩石不仅会吸收液态的地层水，同时也会吸收大量的气态水，从而使其强度大幅降低并发生大的变形，最终影响工程稳定性。

如图 4.8 所示为三个典型矿区（陕西哈拉沟煤矿的砂岩、辽宁大强煤矿的砾岩以及黑龙江沙吉海煤矿的泥岩）的气态水吸附特性。三组岩样的吸水率均随吸水时间的增加而增加，吸水速率则是随吸水时间的增加而减小，最终趋于平稳达到饱和。三个矿区不同岩性的岩样之间相比较，吸水量、吸水速率以及饱和所用时间都存在明显差异。相同矿区不同编号的岩样之间相比较，气态水吸附特性差异相对较小，但也存在不同程度的差异性。

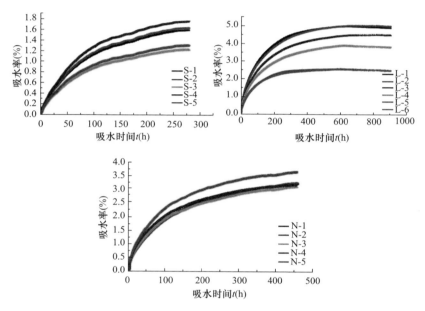

图 4.8　岩石液态水吸水特征曲线

（3）气态水吸附动力学过程

当环境中水分子的含量持续变化时，在环境与岩石内部湿度差的驱动下，空气中的水分被岩石吸附或从岩石内部脱离，导致岩体的水分含量一直处于动态变化中，这会对岩石的各种性能产生不同程度的影响。因此有必要研究在环境湿度反复改变时，岩石含水率的变化。

图 4.9 为 DVS 测试得到的 20℃温度条件下，页岩-气态水吸附动力学过程（$p/p_0 = 0 \sim 0.9$），可以看出：在吸附水分的阶段，随着相对湿度增大，环境中的水分子增多，页岩吸附气态水量呈阶

段状增加，在每一个相对湿度下，气态水吸附量先是迅速增加，再缓慢增加直至达到当前相对湿度下的平衡；在水分从页岩中脱附出的阶段，随着相对湿度的减小，环境中的水分子减少，页岩吸附气态水量呈阶段状降低。

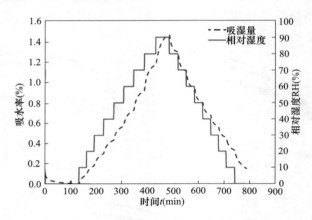

图 4.9　20℃下页岩-气态水吸附动力学过程

用吸附动力学过程曲线，描述相对湿度下的曲线形态。如图 4.10 所示为 $p/p_0=0.1$、0.5、0.9 时的吸附动力学曲线，其中，q 是 t 时刻的吸附量，q_0 是吸附平衡时的吸附量；p 是绝对湿度，单位体积空气中含有的水蒸气重量，p_0 是饱和绝对湿度，单位体积的空气中能够含有水蒸气的极限数值。在初始陡增段（$t<50min$），气态水的吸附速率较快。而在后期平稳阶段（$t>50min$），气态水的吸附速率较慢，吸附动力学曲线开始逐渐趋于平缓，表明页岩吸附气态水逐渐达到平衡状态（$q/q_0=1$）。

等温吸附曲线中，吸附量是单位质量吸附剂上的吸附质质量，通常作为纵轴；采用平衡相对压力（p/p_0）作为横轴，等温线的形状能直观表示出吸附剂内部含水率的变化。对于多孔材料而言，在湿度持续变化的环境中，脱附时材料内部的含水率始终大于吸附时材料内部的含水率，称这种现象为吸附与脱附曲线的滞后，体现了同一湿度下吸附与脱附过程中材料内部水分含量的差异。

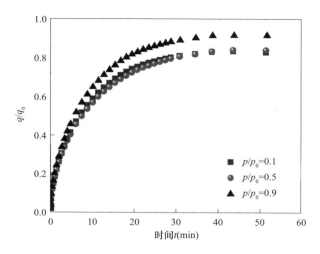

图 4.10　不同相对湿度下吸附动力学曲线

从图 4.11 可知，页岩气态水吸附量均随着相对湿度的升高而增大，且吸附曲线越发陡峭。当相对湿度较小时（$p/p_0<0.1$），页岩的等温吸附曲线向上凸，此时速率较大，这是因为页岩孔隙度低，在吸附前期相对湿度较小时，随着相对湿度变大，气态水分子被试样表面吸附位点吸附，气态水吸附量迅速上升。随着吸附过程继续进行，气态水分子逐渐被吸附到已经吸附存在的第一层水分子层上，其中有一些气态水分子吸附在对水的性质几乎没有影响的非极性位点。这一阶段涉及的力主要是范德华力，由于它是分子间作用力，故作用力较弱。而到了吸附后期，$p/p_0>0.8$ 时，等温吸附曲线明显陡峭上升，吸附逐渐饱和出现毛细凝聚现象，这是因为水分子簇持续生长且相邻水分子之间的协同吸附效应也明显增强，大量相邻的小水分子簇通过氢键相结合而形成更大的水分子簇。此时，页岩吸附气态水的吸附层数有无限增加的趋势而呈现出毛细凝聚的现象，导致气态水吸附量呈指数增长。

（4）吸水过程函数

岩石吸水过程可以划分为减速吸水和等速吸水两个阶段，拟合所得到的吸水过程曲线均呈幂指函数变化趋势，对吸水曲线进

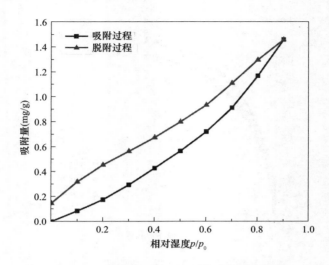

图 4.11　页岩在 20℃时吸附与脱附等温线

行拟合，拟合结果表明，进行试验岩样的吸水特征曲线通过负指数函数式（4.5）得到了最优拟合效果。

$$w(t) = a(1 - e^{-bt}) \qquad (4.5)$$

式中，$w(t)$ 为岩样在 t 时的吸水速率（％）；a，b 为拟合参数；t 为吸水时间（h）。由式（4.5）可知，参数 a 为岩样的饱和吸水率，$w|_{t \to \infty} = a$。进一步研究岩样吸水速率及其变化率，对吸水时间 t 分别求一阶导数和二阶导数，求导结果如式（4.6）、式（4.7）所示，其中式（4.6）表示岩样吸水速率，式（4.7）表示吸水速率变化率。

$$\frac{\mathrm{d}w(t)}{\mathrm{d}t} = abe^{-bt} \qquad (4.6)$$

$$\frac{\mathrm{d}^2 w(t)}{\mathrm{d}t^2} = -ab^2 e^{-bt} \qquad (4.7)$$

　　由式（4.6）、式（4.7）可以看出，岩样吸水速率始终保持为正值，即在达到饱和前，试验岩样吸水量随吸水时间的增加逐渐增大；试验过程中岩样吸水速率的变化率为负值，表明试验岩石试样吸水速率的变化规律是随着吸水时间的增加而逐渐减小。

4.2　吸水特性影响因素

4.2.1　黏土矿物影响

在岩石术语中，黏土是指天然的细粒物质，是地质作用后的产物。一般情况下，岩石中所含黏土矿物是细分散的、含水的层状构造硅酸盐矿物和层链状构造硅酸盐矿物及含水的非晶质硅酸盐矿物的总称。由于黏土矿物的含水铝硅酸盐化学成分、层状构造和微粒性，使得黏土矿物带有电荷、具有较大的比表面积以及黏土矿物中含有水，这些性质是一般岩石矿物，例如石英和长石等粗粒晶体所不具有的。正是由于黏土矿物具有的上述三种特性，决定了黏土矿物的吸附性、离子交换性、膨胀性、分散性、黏聚性等。而水分子作为一种极性分子，由于氢键的作用，使得水的黏聚力较大，因此内部水分子强烈地倾向于把表面分子向内部拉去，从而造成了较大的表面张力，并且使水具有显著的毛细、湿润和吸附等界面特性。因此，当岩石中矿物颗粒与水相互作用后，将会表现出一系列界面现象，如颗粒表面双电层和离子交换等，都将会直接影响岩石的吸水性。由于一般岩石矿物晶体（石英和长石等）颗粒较为粗大，比表面积较小，表面能亦较小，当它们与水接触产生相互作用后，其所表现出的界面现象将远远弱于黏土矿物。因此在岩石中，黏土矿物颗粒是影响岩石吸水性的最具代表性矿物或者称之为特征矿物。

黏土矿物（主要是蒙脱石）的水化性质及其不利影响已在之前关于黏土水蒸气吸附行为的研究中得到广泛揭示，在给定的相对湿度下，蒙脱石和高岭石的黏土混合物吸附的水蒸气量随着蒙脱石含量的增加而系统地增加，蒙脱石晶格中的点缺陷是影响蒙脱石吸水性的最重要参数之一。此外，蒙脱石中吸附水的状态和数量可能取决于可交换阳离子的水合能力和数量。

按成因可将黏土矿物分为两大类：一类为陆源黏土矿物，在成岩压实过程中，矿物变形并被挤入岩石孔隙，构成岩石粒间的杂基和泥质纹层,该类黏土矿物以分散状基质、絮凝块、泥岩岩屑以及碎屑云母等形式产出,降低了岩石的孔隙率,从而降低岩石的吸水性能。另一类则是具有较好晶形的自生黏土矿物,该类黏土矿物在岩石孔隙中较为发育。由自生黏土矿物与岩石骨架颗粒的接触形式和在岩石中的分布特征,可以将自生黏土矿物在岩石孔隙中的产状划分为三种类型。

(1) 黏土矿物以分散质点式的形式充填于岩石的粒间孔隙中,见图 4.12(a),称之为分散质点式。该种形式的黏土一方面降低了岩石的孔隙率,并将岩石的原始粒间孔隙分割成无数微细孔隙,导致水流阻力增加,使得岩石的吸水率降低;另一方面的影响是由充填在孔隙中的黏土与砂粒之间较差的附着力引起的,由于黏土颗粒比较松散,在吸水过程中,黏土可能会随水流流动并在孔隙当中运移,然后在孔隙通道处堆积,从而堵塞孔隙通道。

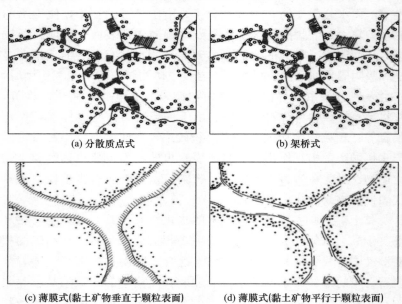

(a) 分散质点式   (b) 架桥式

(c) 薄膜式(黏土矿物垂直于颗粒表面)   (d) 薄膜式(黏土矿物平行于颗粒表面)

图 4.12 孔隙内自生黏土矿物的产状

(2) 黏土矿物自孔壁向孔中生长,形成了"架桥式"形式 [图 4.12(b)]。架桥式黏土的存在,使岩石中原生孔隙被分割,造成了黏土矿物晶粒之间的微细孔隙发达。形成的微细孔隙多为束缚孔隙，因为黏土矿物具有较大的比表面积，故在孔隙中形成大表面的束缚水区，从而降低了岩石的吸水能力。

（3）薄膜式：黏土矿物在垂直颗粒表面或平行颗粒表面进行排列，构成连续的黏土薄膜附着在孔隙壁上或颗粒表面，如图 4.12（c）、图 4.12（d）所示。该种产状的黏土矿物将会减小孔隙的有效半径，并且常常造成孔隙通道的堵塞。

1. 黏土矿物产状影响

岩石中所含有的任何一种矿物形态，其本质上都是其内部结构的一种表现形式，对岩石中的矿物特别是黏土矿物结构以及岩石内部孔隙结构的认识，有助于从本质上理解多变的矿物形态对岩石吸水特性的影响。黏土矿物微结构是指黏土矿物晶体之间的相互关系，首先包括黏土矿物晶粒本身的形态、大小和表面特征，其次是黏粒在岩石孔隙空间的排列方式，还包括黏土矿物晶粒之间的接触和连接特征。通过对岩石微结构特征的描述，可以帮助揭示黏土微粒在岩石吸水过程中的释放与运移规律，进而有益于分析岩石在吸水过程中黏土矿物与岩石吸水特性的影响关系。按照黏土颗粒彼此排列、接触方式、聚集体大小、形态及分布进行划分，黏土微结构具有以下几种代表性的模式，即片架状结构、叠片支架状微结构、蜂窝状结构等。

（1）片架状结构

充填在粒间孔隙的绿泥石和绿/蒙混层矿物常具有此种结构形式，黏粒多呈片状和弯片状，形态比较规则，可以区分出黏粒的界限。结构单元以边-面接触为主，微孔形态多样，有三角形、四边形和五边形等，孔壁较平直，空间连通性较好。具有此种结构形式的黏粒，一般呈颗粒包壳产出，黏粒垂直颗粒表面排列，并均匀地覆盖在颗粒表面，该种结构力学强度较高，但化学稳定性较低，易形成孔角毛细水，对水流的阻力大。

（2）叠片支架状微结构

绿泥石和高岭石等常具有此种结构形式，该结构形式常常由两个以上黏粒以面-面接触构成复片，并且复片或复片组内的间隙

小于 $0.5\mu m$，晶片平直，表面比较规则。聚集体内部以面-面接触为主，聚集体间以边-面接触为主。孔隙形态呈条状、多边形等，孔隙连通性中等。与片架状结构相比，叠片支架状微结构的力学稳定性和化学稳定性较大。

（3）蜂窝状结构

充填在粒间孔隙中的蒙脱石和高混层比的伊/蒙混层常常具有这种结构形式，单个黏粒呈片状结构，微孔大小呈不规则圆形、多边形、复三角形等，其显著特征是结构单元的界限不明显，蜂窝胞孔内侧较圆滑。蜂窝状结构一般微孔间连通性较差，与淡水接触时，微孔容易收缩、水化膨胀充分、聚集体被拆离，联结力被削弱，容易产生微粒移位、运移，从而堵塞孔隙喉道，阻碍岩石的吸水。

（4）絮团状结构

蒙脱石、绿/蒙混层和绿泥石具有该种结构的黏粒成分。它是由形状不规则的微粒聚集体结合而成，其外形边界不明显，呈球状和絮团状，常位于孔隙中央的位置。单个黏粒在聚集体内以面-面接触为主，聚集体间多以边-边和边-面接触为主，聚集体内通常微孔较为发育，连通性好，该种结构易受流体的破坏。

（5）丝缕网状结构

充填在粒间孔隙的伊利石常具有该种结构特征。纤细狭长的伊利石相互搭接，构成网状结构。伊利石表面结构多为边-面接触，丝体间多以点-点接触为主，丝体与片体的接触以点-面接触为主，微孔隙大小相差悬殊，分布极不均匀，导致其孔间连通性较好。伊利石化学性质稳定，与淡水发生接触时，其丝束可以在水流的作用下发生舒张，并且其微孔可以束缚住大量水。

（6）畴状结构

该种结构是蠕虫状高岭石所特有的结构，是由叠置状的巨型聚集体构成。聚集体内以面-面接触为主，聚集体间以边-边接触为主。聚集体间的孔隙为狭长状和沟槽状，孔间连通性较好。

（7）绒球状结构

充填在粒间孔隙中的绿/蒙混层和绿泥石有绒球状结构，黏粒间以面-面接触为主，然后构成组，一组构成一个瓣状体，多个瓣状体组成了一个绒球。按照力学稳定性的高低进行排列，上述 6 种结构的排列顺序为：畸状结构＞叠片支架状＞支架状结构＞蜂窝状结构＞絮团状结构＞丝缕网状结构。黏土微结构在淡水和碱液中的稳定性排列顺序为：絮团状结构（蒙脱石、绿/蒙混层）＜蜂窝状结构＜支架状结构（绿/蒙混层）＜丝缕网状结构＜絮团状结构（绿泥石）＜支架状结构（绿泥石）＜叠片支架状。黏土的化学稳定性是由黏土的结构组成、比表面大小、阳离子交换能力以及其水化膨胀能力所决定，其化学稳定性的排列顺序为：云母＞伊利石＞绿泥石＞高岭石＞伊/蒙混层＞绿/蒙混层＞蒙脱石。岩石的微观形态特征包括不同的黏土矿物具有不同的形态，例如伊利石晶体呈不规则的鳞片状，个别呈六边形，鳞片大小不等，在电镜扫描下，其常见的单体形态有丝带状、条片状和羽毛状，集合体形态则呈蜂窝状、丝缕状及丝带状，伊利石在孔隙中常常形成搭桥式生长或构成丝缕状、发丝状网络；绿泥石单晶形态在电镜扫描下呈薄六角板状或叶片状，其常见的聚集形态有由叶片组成的蜂窝状、玫瑰花朵状、绒球状、针叶状或叠片状，偶尔可见绿泥石呈杂乱堆积状态。

对某一深井泥岩样品的 SEM 图进行分析可知，粒间孔隙中黏土以桥式分布，在孔隙内形成了许多微细孔隙，具有很大的吸水区。若孔隙内有水，则形成大量孔角毛细水，同时黏土矿物吸附孔隙水而形成束缚水，使自由水流动的面积相对减少，影响了吸水速率，如图 4.14 所示的泥岩岩样 N-1 中存在此种产状。岩样 N-1 中发丝状坡缕石网络均匀分布，形成了粒间孔隙的另一个特点，即岩样中粒间孔隙大小均匀，这使得水在岩样内流速变化相对较小，吸水特征曲线（lnQ-ln$t$）呈直线形。在砂质泥岩岩样 SN-1，SN-2，SN-3 中，孔隙内黏土矿物以分散质点形式充填，将原始粒间孔隙分割成微细孔隙；充填在孔隙中的黏土质点是松散的，与颗粒的附着力很差，吸水过程中可能随水流而在孔隙中运移，在孔隙通道中堆积并堵塞，导致吸水速率先快后慢，是吸水特征曲线（lnQ-ln$t$）呈上凸形或下凹形的因素之一。粒间孔隙中质点充填程度对吸水速度也有一定影响，孔隙中质点充填程度高，微孔隙增多，相对吸水速率降低，反之，吸水速率相对较高。比较砂质泥岩的 3 个试样（图 4.13～图 4.15），岩样 SN-1，SN-2 孔隙充填程度较岩样 SN-3 低，而吸水速率高于 SN-3。

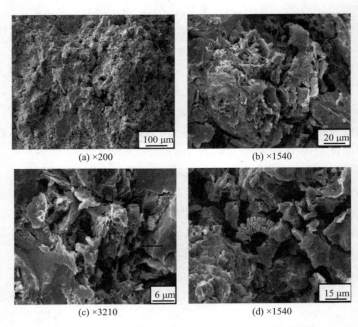

(a) ×200

(b) ×1540

(c) ×3210

(d) ×1540

图 4.13　上凸形模式岩样 SN-1，SN-2 的 SEM 图像

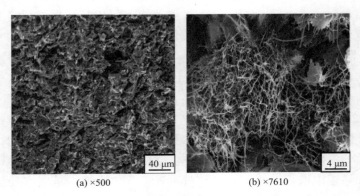

(a) ×500

(b) ×7610

图 4.14　直线形模式岩样 N-1 的 SEM 图像（一）

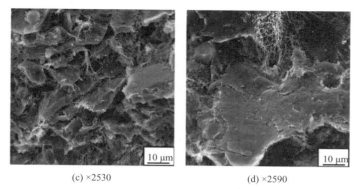

(c) ×2530　　　　　　　　(d) ×2590

图 4.14　直线形模式岩样 N-1 的 SEM 图像（二）

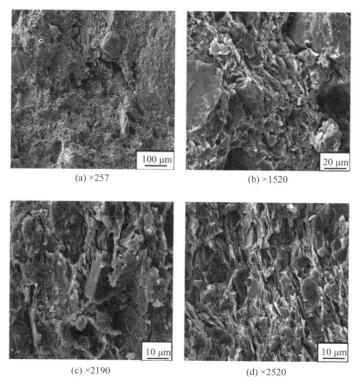

(a) ×257　　　　　　　　(b) ×1520

(c) ×2190　　　　　　　　(d) ×2520

图 4.15　下凹形模式岩样 SN-3 的 SEM 图像

2. 黏土矿物含量影响

三个典型矿区（陕西哈拉沟煤矿的砂岩、辽宁大强煤矿的砾岩以及黑龙江沙吉海煤矿的泥岩）岩样的黏土矿物含量和饱和吸水率一一对应的散点图如图 4.16 所示。由图 4.16 可以看出，三个矿区岩石样品饱和吸水率与黏土矿物含量之间分别具有明显的正相关关系，这表明同一类型岩样中黏土矿物含量越大，它对气态水的吸附能力越强。然而，对于不同类型的岩石样品，其平均饱和吸水率与平均黏土矿物含量之间却存在着负相关关系。如图 4.17 所示，黏土矿物含量最大的砂岩相对应的饱和吸水率却最小，而黏土矿物含量相对最小的砾岩相对应的饱和吸水率却最大。这很大程度上是由于不同类型岩石样品中所含有的优势黏土矿物成分的亲水性差异所造成的。

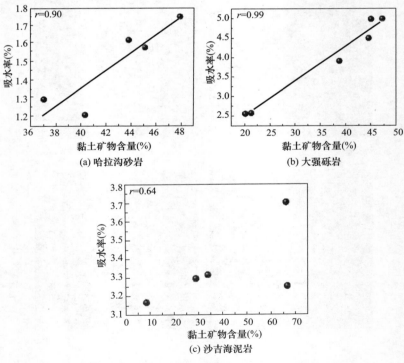

图 4.16　三组岩样黏土矿物含量与吸水率的相关性分析

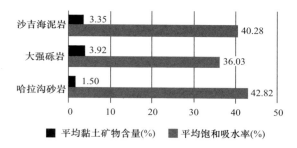

图 4.17　三组岩样总平均黏土矿物含量与总平均饱和吸水率的对比

3. 黏土矿物类型影响

黏土矿物种类不同会直接影响岩石的吸水量、吸水速率和吸水曲线类型。黏土矿物的种类很多，常见的有蒙脱石、高岭石、伊利石、绿泥石以及各种混层黏土矿物（伊/蒙混层和绿/蒙混层）等。不同种类的黏土矿物，其亲水性、吸附性、膨胀性的强弱都不同，黏土矿物在吸水之后微观结构会发生变化，导致孔隙之间连通性变差，孔壁膨胀，从而影响岩石的吸水。因此，不同的黏土矿物对岩石吸水特性的影响程度也不相同。

已有研究资料表明，各种黏土矿物的亲水性由强到弱依次为：蒙脱石、伊/蒙混层、伊利石、高岭石和绿泥石。其中，蒙脱石由于层间具有钙、镁、钠离子等交换性极强的阳离子，使其具有极强的亲水特性及超强的水敏感性，因此其吸水性远大于其他矿物成分。黏土矿物的类型对吸水速率的影响不可忽视，黏土矿物遇水膨胀，使孔隙通道变得狭窄，影响水流通过，从而使吸水速率下降。由于黏土矿物亲水性不同，层间膨胀性黏土矿物吸水后膨胀量较大，粒间膨胀性黏土矿物吸水后膨胀量较小。

黏土矿物吸附结合水的同时，黏土矿物中所含有的交换性阳离子也要与水结合而形成水合阳离子。交换性阳离子的种类决定了其真实半径和水合离子半径，其水合能不同，配位的水分子数量就会有差异，直接导致了由于黏土矿物含有交换性阳离子所带来的结合水和引起的黏土矿物结构变化的程度差异。因此，一方面黏土矿物可以通过阳离子的交换容量进行区别，例如蒙脱石的阳离子交换容量一般为 70～130mmol/100g，伊利石约为 10～

40mmol/100g，而高岭石的阳离子交换容量仅有 3～15mmol/100g。另一方面，黏土矿物所含交换性阳离子的数量也会影响黏土矿物的水合程度。因此不同种类的黏土矿物具有不同的结构和性质，它们所具有的亲水能力和水化分散程度之间存在差异。

不同的黏土矿物的吸附性、离子交换性、膨胀性、分散性以及黏聚性等存在较大的差异，因此不同的黏土矿物对岩石吸水的影响及各自的影响程度不同，下面是几种常见黏土矿物对岩石吸水的影响：

（1）蒙脱石：蒙脱石具有极强的水敏感性，尤其是钠蒙脱石，遇水后体积可膨胀至原体积的 6～10 倍，致使软岩内部孔隙空间减小（图 4.18），阻碍岩石的吸水。但是，蒙脱石的比表面积较大，离子交换能力较强，容易吸附水。

（2）高岭石：高岭石常以书页状、蠕虫状等形态充填在岩石孔隙中。高岭石充填在粒间孔隙中，使原始的粒间孔隙变成对吸水贡献很小的微细晶间孔隙，降低了岩石的吸水速率。此外，高岭石集合体对岩石颗粒的附着力很差，高岭石矿物颗粒容易在流体剪切力作用下从岩石颗粒上脱落和破碎，并随水流在孔隙中移动，可能造成高岭石微颗粒堵塞岩石孔隙喉道（图 4.18）。

（3）伊利石：伊利石在黏土矿物中形态变化最为复杂。伊利石在岩石孔隙中交错分布，使原始的粒间孔隙被分割成大量的微细孔隙，孔隙结构趋于复杂，降低了岩石的吸水速度。其次，伊利石具有很大的比表面积，在微小孔隙中形成了大量孔角毛细水，提高了软岩束缚水饱和度。在水流剪切力的作用下，伊利石容易破碎，随水流被运移至孔隙通道狭窄处形成堵塞，降低了岩石吸水能力。

（4）绿泥石：绿泥石常以针叶状和片状覆盖在颗粒表面，或以绒球状集合体充填于岩石粒间孔隙中，在孔隙中常常呈架桥式生长。

（5）伊/蒙混层：混层比（%S）越高的伊/蒙混层，蒙脱石含量越高，吸附性越强，而膨胀性也就越强。

（6）绿/蒙混层：混层比（%S）越高的绿/蒙混层，蒙脱石含量越高，吸附性越强，其膨胀性也就越强。

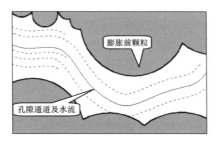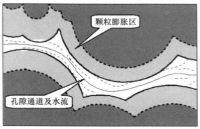

图 4.18　岩石颗粒吸水前后孔喉的变化

　　对某沉积岩中主要矿物成分与饱和吸水率的相关性进行研究发现，如图 4.19 所示，黏土矿物中，伊/蒙混层含量与饱和吸水率未呈现出相关性，伊利石含量与饱和吸水率则呈正相关，相关系数为 0.54，高岭石含量与饱和吸水率则呈负相关，相关系数为 0.38。黏土矿物含量对岩石的吸水特性有较大影响，但由于不同的黏土矿物自身特性不同，它们对岩石吸水特性的影响程度往往存在着一定差异。伊/蒙混层一般呈蜂窝状、丝絮状以及片丝状存在，其与吸水特性的影响未表现出相关性；伊利石自身稳定性较差，遇水后易被分解，一定程度上促进了水分子在岩石内部孔隙中的流通；高岭石大多数都分布在粒间孔隙内，这会减少流动空间，从而抑制岩石的吸水过程。另外，高岭石对岩石的吸附作用并不敏感，其受到外力影响时会阻碍岩石中部分孔隙的流动，从而阻碍岩石吸水。

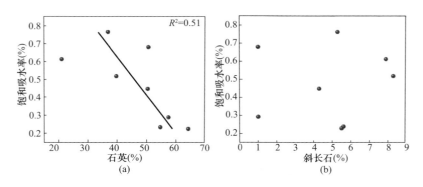

图 4.19　岩样矿物成分含量与饱和吸水率关系图（一）

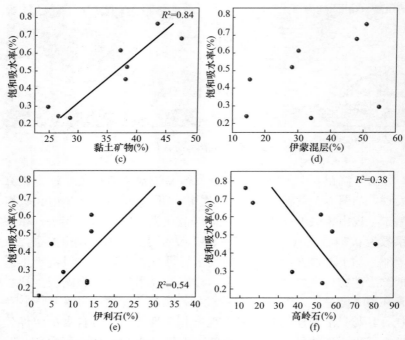

图 4.19　岩样矿物成分含量与饱和吸水率关系图（二）

4.2.2　岩石孔隙影响

　　孔隙和孔隙结构是岩石吸水特性重要的物性参数之一，岩石的微观结构主要是指岩石内部的孔隙结构和黏土间的微孔隙结构，孔隙是指岩石中未被碎屑颗粒、胶结物或其他固体物质充填的空间，孔隙结构是指岩石中孔隙和喉道的几何形状、大小、分布特征及其相互连通关系。岩石的孔隙结构特征在很大程度上影响着岩石的吸水特性，是影响岩石吸水的主要因素之一。岩石的吸水特性受岩石孔隙率大小、孔喉直径大小、孔径分布及孔隙连通性等孔隙微观结构特征的影响。岩石中存在孔隙，必然形成一定的空间，即孔隙空间。这部分空间未被矿物颗粒、胶结物或其他固体物质充填，因此能够被水等流体渗透通过。岩石的孔隙结构是指岩石孔隙的大小、形状、孔间连通情况、孔隙的类型、孔壁粗糙程度等全部孔隙特征。孔隙有广义孔隙和狭义孔隙之分，广义孔隙是指岩石中未被固体物质充填的空间，包括狭义的孔隙、裂缝和洞穴；狭义孔隙是指沉积物中颗粒间、颗粒内和充填物内的空隙。孔隙按照孔隙之间组合关系可分为孔道和喉道：孔道是被矿物颗粒或其他固体物质所包围的较大空洞；喉道则是连接两个大孔隙的狭窄通道。按照孔径大小可分为：孔径大于 $500\mu m$ 的是超毛细管孔隙，此类孔隙的特点是流体在重力作用下可以自由流动，岩石中的大裂缝、溶洞及未胶结或胶结疏松的砂层孔隙多属此类；孔径小于 $0.2\mu m$ 的是微毛细管孔隙，流体若在这类孔隙中移动，则需要非常大的压力梯度，泥页岩中的孔隙一般属此类型；孔径在 $0.2\sim500\mu m$ 范围内的称为毛细管孔隙，流体需要有超过自身重力的外力作用才能在孔隙中流动，一般砂岩孔隙属此类。此外，按照孔隙之间的连通情况也可分为：连通孔隙、死胡同孔隙、微毛细管束缚孔隙和孤立的孔隙 4 种。评价岩石的孔隙结构时，孔隙度是一个不可缺少的参数。通常，孔隙率大的岩样，吸水量较大，吸水速率也相对较高；孔隙率小的岩样，吸水量较小，吸水速率也相对较低。孔隙度的表达式为：

$$\phi = \frac{V_p}{V_b} \times 100\% = \left(1 - \frac{V_s}{V_b}\right) \times 100\% \tag{4.8}$$

式中，ϕ 为岩石的孔隙度；V_p 为岩石的孔隙体积；V_b 为岩石的外表体积；V_s 为固体颗粒体积。表征岩石孔隙度的指标包括有效孔隙度、绝对孔隙度和流动孔隙度等。研究表明，有效孔隙度对岩石吸水特性的影响最大，且表现为有效孔隙度越大，岩石的吸水能力越强。岩石孔隙结构影响岩石的吸水特性，同时，岩石吸水之后孔隙结构也会发生明显变化：一是填充于粒间孔隙的颗粒和胶结物等会因流体的运移而溶解、破碎和迁移，使主要流体的运移通道扩大，变得更加光滑，连通性变好，孔径变大；二是填充于岩石颗粒间的黏土矿物，如高岭石，对岩石颗粒的附着力很差，在流体剪切力作用下极易从颗粒上脱落和破碎，并随流体在孔隙中移动，造成孔隙通道的堵塞、连通性变差，孔径变小；三是岩石内部和岩石颗粒表面由于流体淋滤、冲蚀等作用，产生了大量新的孔隙，造成孔隙数量大大增加；四是具有膨胀性的黏土矿物吸水之后体积膨胀（如蒙脱石吸水之后，在自由膨胀状态下的体积可达到原体积的成百上千倍），从而引起岩石内部孔隙空间减小，孔径变小，水流受阻。因此，岩石吸水之后孔隙结构的变化情况不同，会使岩石吸水过程中各个时间段上的吸水速率有所差异。孔隙的几何形状、大小、分布及其相互连通关系，即孔隙的有效性，决定岩石吸水量的大小、吸水速率的快慢和吸水特征线形。

碎屑岩中常见的主要孔隙类型有粒间孔、溶蚀孔、晶间孔及杂基内微孔等，而碳酸盐岩中较为常见的孔隙则有原生孔、溶蚀孔、生物钻孔等。

（1）粒间孔隙

粒间孔隙是指由颗粒围成的孔隙，如图 4.20（a）所示。粒间孔隙的大小和形态是由颗粒的大小、分选、接触方位、充填方式以及压实程度决定。粒间孔隙通常孔径较大、喉道比较粗，其连通性较好，具有良好的渗透性。

（2）杂基内微孔隙

杂基沉淀物风化时形成的微孔隙和黏土矿物重结晶形成的晶间孔隙，统称为杂基内微孔隙，如图 4.20（b）所示。杂基内微孔隙孔径细小，一般小于 $0.2\mu m$。该种类型孔隙总量可占岩石孔隙的 50% 以上，但其渗透能力极差，阻碍岩石的吸水。

（3）矿物解理缝和岩屑内粒间微孔

该种类型的孔隙宽度一般小于 $0.1\mu m$，渗透性相比杂基内微孔隙较差，通常将其视为无效孔隙，认为其对岩石吸水性无贡献，见图 4.20（c）的岩石层理缝。

（4）晶体次生晶间孔

石英结晶后次生加大而充填原生孔隙后所形成的残留孔隙，称为晶体次生晶间孔隙。石英次生加大，将明显降低岩石的孔隙空间，使孔隙变小，孔喉变窄，降低了岩石的渗透能力，使岩石吸水性变差，如图 4.20（d）所示。

（5）溶蚀孔隙

岩石中的碳酸盐、硫酸盐、长石等可溶性成分被溶蚀后所形成的孔隙，称为溶蚀孔隙，如图 4.20(e) 所示。溶蚀孔隙又分为溶孔、铸模孔、颗粒间溶蚀孔以及胶结物内溶蚀孔 4 种形式。该类孔隙使岩石孔隙空间加大，有利于岩石的吸水。

（6）裂缝

裂缝是由于地应力作用而形成的，其排列方式受地应力影响。裂缝在岩石总孔隙中所占的份额很少，一般小于 5%，但却极大地改善了岩石的吸水性。

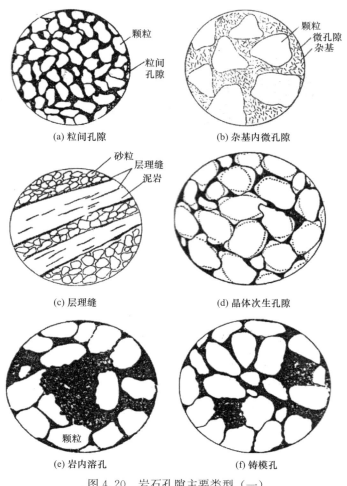

(a) 粒间孔隙

(b) 杂基内微孔隙

(c) 层理缝

(d) 晶体次生孔隙

(e) 岩内溶孔

(f) 铸模孔

图 4.20　岩石孔隙主要类型（一）

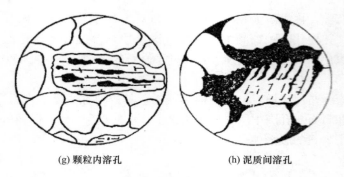

(g) 颗粒内溶孔　　　　　　　　(h) 泥质间溶孔

图 4.20　岩石孔隙主要类型（二）

1. 孔隙结构对水蒸气吸附的影响

某砾岩样品的汞孔隙率分析结果和计算的分形维数如表 4.2 所示。根据砾岩样品的孔径累积分布曲线（图 4.21），可以观察到在所有孔隙中，以 $2\mu m$ 孔径为主。此外，在图 4.22 中，孔隙度（直径 $d>0\mu m$）被称为 $P_d>0$，N_d 孔隙度（直径 $d>0.2\mu m$）被称为 $P_d>0.2$，由两者之间的比较可以清楚地看出 $P_d>0.2$ 均匀地小于 $P_d>0$ 的一半，并且它们的序列趋势完全不同。同时，图 4.23 比较了砾岩样品的分维差异，除 C-5 和 C-3 外，它们之间没有明显的差异。

砾岩样品的汞孔隙率分析结果和计算的分形维数　　表 4.2

编号	孔隙度（%）		累计孔隙体积（mL/g）		分形维数 $d>0.2\mu m$
	$d>0\mu m$	$d>0.2\mu m$	$d\leqslant0.2\mu m$	$d>0.2\mu m$	
C-1	22.327	12.113	0.0776	0.042	2.815
C-2	22.956	9.969	0.1126	0.049	2.812
C-3	18.942	6.936	0.0863	0.032	2.758
C-4	9.636	4.747	0.0747	0.037	2.857
C-5	19.860	3.341	0.0963	0.016	2.633
C-6	18.550	6.202	0.1017	0.034	2.813

通过分析砾岩样品的孔隙度特征参数（$P_d>0$，$P_d>0.2$，分形维数）与吸附水含量之间的相关关系，发现水蒸气吸附与 $P_d>0$ 或分形维数无关，与 $P_d>0.2$（$p<0.05$）呈正相关（图 4.24）。

结果表明，直径大于 $0.2\mu m$ 的孔隙总体积是影响砾岩吸水性的重要因素。因此，可以推断，含有大量孔隙（直径$>0.2\mu m$）的砾岩倾向于吸附更多的水。人们普遍认为，储层岩石黏土矿物基质中的微孔直径非常小，通常小于 $0.2\mu m$。此类微孔的总数有时可以占岩石孔隙的 50% 以上，但它们的透水性非常差。与微孔（直径为 $0.2\mu m$）相比，直径为 $0.2\sim500\mu m$ 的毛细管孔由于吸水和毛细管冷凝的影响具有较强的吸湿性。

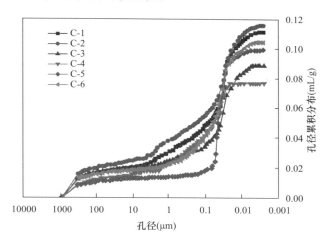

图 4.21　6 种砾岩样品的孔径累积分布曲线

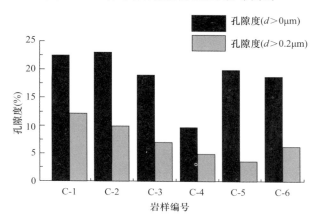

图 4.22　孔隙度（$d>0\mu m$）与（$d>0.2\mu m$）比较

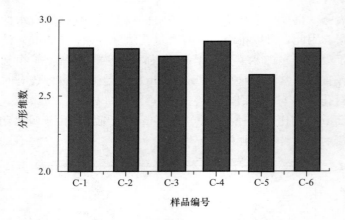

图 4.23 砾岩样品分形维数的比较

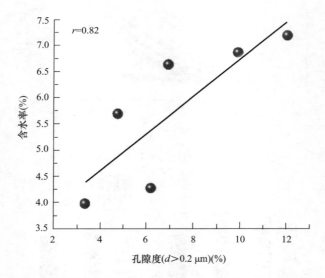

图 4.24 砾岩样品孔隙度 ($d>0.2\mu m$) 与含水率之间的关系

2. 孔隙率对吸水速率的影响

岩石的孔隙率是指岩石的孔隙体积与其外表体积 V_f 的比值，其中岩石的外表体积是指岩石骨架体积 V_s 与孔隙体积 V_p，见式 (4.9)：

$$V_f = V_s + V_p \tag{4.9}$$

岩石的孔隙率是岩石储水能力大小的主要参数之一，孔隙率越大，单位体积所能容纳的流体越多。其计算方法见式（4.10）。

$$\phi = \frac{V_p}{V_s + V_p} \times 100\% \qquad (4.10)$$

岩石的有效孔隙率 ϕ_e 则是指有效孔隙体积 V_{pe} 占其外表体积 V_f 的比率，如式（4.11）所示。

$$\phi_e = \frac{V_{pe}}{V_s + V_p} \times 100\% \qquad (4.11)$$

依据毛细管孔隙体系划分标准，分为毛细管孔隙、超毛细管孔隙和微毛细管孔隙。毛细管孔隙直径为 $0.2\sim500\mu m$，当外力的作用大于孔隙的毛管力时，流体可以在该类孔隙中流动；超毛细管孔隙直径一般大于 $500\mu m$，流体在重力作用下，可以在其中自由流动；微毛细管孔隙直径小于 $0.2\mu m$，在正常地层条件下流体不易在其中流动。岩石中束缚水是指分布和残存在岩石颗粒接触处角隅和微细孔隙中的水，或者是吸附在岩石骨架颗粒表面的不可动水，岩石孔隙越小、连通性越差，那么岩石的束缚水含量越多，其在岩石中存在的主要形式有两种：毛管水和水膜水。

相对于无效孔隙，有效孔隙率的大小与岩石吸附气态水的关系最为密切。通过压汞试验，表 4.3 中列出了三组岩样的有效孔隙率及对应的吸水率数据。

由表 4.3 可知，哈拉沟 5 块砂岩样的有效孔隙率和吸水率对应关系并没有一定的规律性，原因在于影响岩石吸水特性的因素有很多，有效孔隙这一因素虽然能对岩样吸水做出贡献，但并不能完全从吸水率上体现出来。通过有效孔隙率的分析结果就可以对这一问题做出解释：虽然在黏土矿物百分比上，S-5 略低于 S-3，但 S-5 的有效孔隙率高出 S-3 近 1.5%，所以，S-5 的吸水率要略大于 S-3。

大强砾岩和沙吉海泥岩吸水率与有效孔隙率之间的相关关系如图 4.25 所示，从图中可以看到：大强砾岩和沙吉海泥岩样品的吸水率与有效孔隙率都呈正相关关系，相关性系数分别为 0.86 和 0.77。另外，三组岩样平均有效孔隙率的大小依次为大强砾岩

软岩与水相互作用及吸水软化效应

（8.5%）＞沙吉海泥岩（3.6%）＞哈拉沟砂岩（2.2%）。对应三种岩样的平均吸水率：大强砾岩（3.9%）＞沙吉海泥岩（3.4%）＞哈拉沟砂岩（1.5%）。进一步比较分析三组岩样平均有效孔隙率与平均吸水率之间的关系可以发现它们之间也具有较好的正相关关系（相关性系数 $r=0.82$），可以看出有效孔隙率对岩石的气态水吸附能力具有重要影响。

三组岩样的有效孔隙率及对应的吸水率对照表　表 4.3

岩性	哈拉沟砂岩					大强砾岩						沙吉海泥岩				
编号	S-1	S-2	S-3	S-4	S-5	L-1	L-2	L-3	L-4	L-5	L-6	N-1	N-2	N-3	N-4	N-5
有效孔隙率(%)	1.32	1.04	2.69	1.38	4.08	8.86	15.57	12.18	4.75	3.34	6.20	2.53	3.35	3.39	3.26	5.28
吸水率(%)	1.59	1.63	1.22	1.76	1.30	4.99	5.00	4.50	3.91	2.58	2.56	3.30	3.32	3.17	3.26	3.71

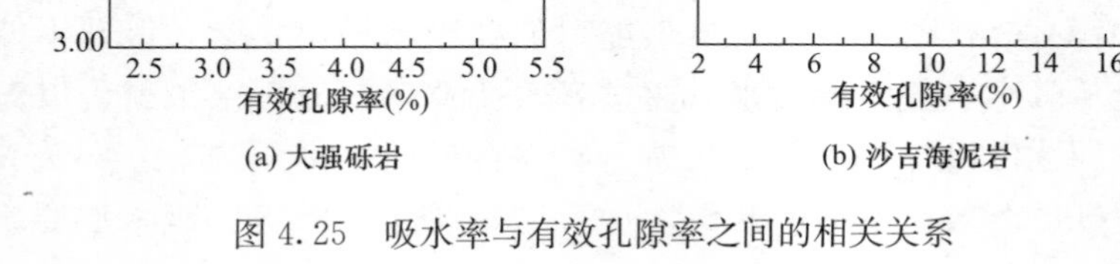

(a) 大强砾岩　　　(b) 沙吉海泥岩

图 4.25　吸水率与有效孔隙率之间的相关关系

3. 孔隙结构对液态水吸附的影响

岩石中微孔隙的数量和结构也是影响页岩吸水的重要因素。由压汞试验测得的页岩试样的孔径分布曲线如图 4.26 所示。由图 4.26 可以发现，页岩试样的微孔隙分布总体规律相似，但是不同试样微孔隙的总数和孔径分布情况存在一定差异，这主要是由岩石本身的异质性造成的。页岩试样的压汞孔隙率分析结果见表 4.4。

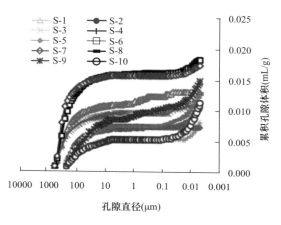

图 4.26　页岩试样的孔径分布曲线

页岩试样的压汞孔隙率分析结果　　　　　　表 4.4

编号	孔隙率（%）		累计孔体积（mL/g）		总体积（%）	
	$d>0\mu m$	$d>0.2\mu m$	$d>0\mu m$	$d>0.2\mu m$	$d>0.2\mu m$	$d>10\mu m$
S-1	3.1458	2.9345	0.0134	0.0125	93.21	80.79
S-2	2.4203	1.6211	0.0106	0.0071	67.51	65.90
S-3	2.4002	2.0919	0.0109	0.0095	86.88	84.25
S-4	1.8448	1.1442	0.0079	0.0049	62.25	59.32
S-5	1.8239	1.8239	0.0071	0.0071	100.00	92.05
S-6	4.1408	3.6205	0.0191	0.0167	87.14	84.42
S-7	3.9248	3.5128	0.0181	0.0162	89.51	88.78
S-8	2.8444	1.5184	0.0133	0.0071	53.83	52.23
S-9	3.3289	2.1322	0.0153	0.0098	63.98	53.25
S-10	2.6909	1.1232	0.0115	0.0048	41.18	40.00

从表 4.4 中数据来看，所有页岩试样的孔隙率都较低。除 S-10 以外，在其他页岩试样中，孔隙直径大于 $0.2\mu m$ 的微孔隙最多，孔径大于 $10\mu m$ 的孔隙占绝大多数。我们通常把孔隙直径大于或

等于 $0.2\mu m$ 的孔隙称为有效孔隙，有效孔隙占孔隙总体积的百分数称为有效孔隙率。该类孔隙的特点是水可在自身重力作用下在孔隙内自由流动。如果孔隙直径小于 $0.2\mu m$，水只有在非常大的水压力梯度作用下才能流动，因此也可以把这类孔隙称为无效孔隙。

4. 孔隙分形维数对岩石吸水的影响

岩石微观非均质性是影响流体运移和构造稳定性的关键因素之一。1975 年，法国数学家 Mandelbrot 提出了分形几何理论，应用于评价复杂多孔介质的不规则程度以及图形的自相似特征，目前分形几何学在研究岩石等多孔介质的微观孔隙结构特征中得到了广泛应用。

前人的研究表明，岩石的孔隙结构具有分形特征。岩石孔隙分形维数一般介于 2~3 之间，分形维数越大，说明孔隙的复杂程度越高，岩石的非均质性越强，反之亦然。复杂的孔隙结构和不光滑的孔隙界面会抑制流体在岩石中的运移，进而影响岩石的吸水特性，因此分形维数是分析孔隙结构特征对岩石吸水特性影响的一个重要指标。

采用 Image-Pro Plus 测量结果中的孔隙最大直径 D_{max} 和最小直径 D_{min} 进行分析。D_{min}/D_{max} 值可代表岩样孔隙的形状特征，其值介于 0~1 之间。D_{min}/D_{max} 比值越接近 1，代表孔隙形状越规整，更接近圆形；D_{min}/D_{max} 比值越接近 0，说明孔隙形状更加复杂。将 D_{min}/D_{max} 值及对应的孔隙累计个数 N 在双对数坐标系中建立对应关系，而后选取所得图形的稳定上升段进行线性拟合，取拟合直线的斜率代表对应岩样的 D_{min}/D_{max} 分形维数，如图 4.27 所示。D_{min}/D_{max} 可以直观地表明岩样的孔隙形态分布情况。

由表 4.5 可知，在 9 个试样中，分形维数的范围为 2.008~2.452，均值为 2.194，分形维数均小于 2.5，说明试验岩样孔隙结构相对规整。如图 4.28 所示，分形维数与饱和吸水率之间呈现较好的正相关关系，相关系数为 0.72，即随着分形维数的增加，孔隙结构的复杂程度增大，岩石无压吸水能力越强，反之亦然。

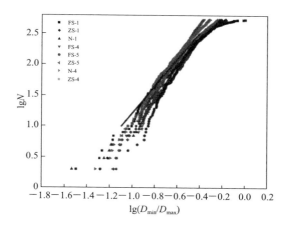

图 4.27　岩样孔隙结构分维处理图

岩样分维参数　　　　　　　　　　　　　　　　表 4.5

岩样编号	N-1	N-4	FS-1	FS-4	FS-5	ZS-1	ZS-5	均值
分形维数	2.393	2.179	2.159	2.452	2.197	2.149	2.008	2.194

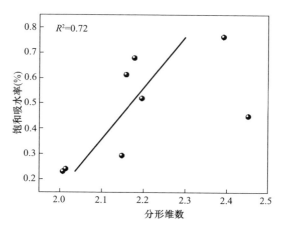

图 4.28　分形维数与饱和吸水率的关系

4.2.3　岩石含水状态影响

各主要因素对干燥状态和天然状态下的岩石分别在有压吸水

和无压吸水条件下的饱和吸水率大小的影响权重系数见表 4.6。

不同条件下岩石吸水各主要影响因素的影响权重系数的比较 表 4.6

影响因素		干燥岩石		新鲜岩石	
		有压吸水	无压吸水	有压吸水	无压吸水
有效孔隙	孔隙率（ϕ_e）	0.3474	0.1315	0.1062	0.2149
	分形维数（D）	−0.7185	−0.0969	−0.2672	−0.0421
初始含水率（w_0）				−3.4702	−0.0523
黏土矿物种类	蒙脱石（S）	0.0332	0.0018	—	—
	伊利石（I）	0.0537	−0.6816	0.1122	0.0076
	I/S S%=5%	—	—	0.1465	0.0107
	I/S S%=25%	—	—	—	0.0025
	I/S S%=30%	−0.1825	0.1577	−0.1237	−0.0158
	I/S S%=35%	—	—	—	0.0294
	I/S S%=55%	—	0.3404	—	—
	高岭石（K）	0.3035	0.1698	2.3782	0.0410
	绿泥石（C）	0.0949	−0.0733	−0.9097	−0.0891
	C/S S%=40%	0.1617	−0.0304	—	—
	C/S S%=45%	0.0900			

1. 干燥岩石在有压与无压吸水影响因素下的比较与分析

由表 4.6 可知，进行有压吸水试验和无压吸水试验的干燥岩样，其共有的影响因素为：有效孔隙率、有效孔隙结构分形维数、蒙脱石、伊利石、混层比为 30% 的伊/蒙混层、高岭石、绿泥石以及混层比为 40% 的绿/蒙混层。与干燥岩石在有水压和无水压条件下的饱和吸水率均为正相关的因素是：有效孔隙率（ϕ_e）、蒙脱石（S）、高岭石（K），与干燥岩石在有水压和无水压条件下的饱和吸水率均为负相关的因素仅有一个，即有效孔隙分形维数。

其余四种影响因素，即伊利石含量、伊/蒙混层（30%）、绿泥石含量和绿/蒙混层（40%）含量与干燥岩石在不同吸水条件下的饱和吸水率大小的相关性相反。伊利石、绿泥石和绿/蒙混层（40%）含量越大、伊/蒙混层（30%）含量越小，那么干燥岩石在有压吸水条件下的饱和吸水率越大，而其在无压条件下的饱和吸水率则越小。

　　蒙脱石含量大小对干燥岩石饱和吸水率大小的影响权重系数在正相关因素中最小，而有效孔隙结构分形维数对干燥岩石在不同条件下的饱和吸水率的影响系数的绝对值在负相关因素中是最小的。

2. 天然岩石在有压与无压吸水影响因素下的比较与分析

　　由表 4.6 可知，进行有压吸水试验和无压吸水试验的天然岩石样品，其共有的影响因素有：有效孔隙率、有效孔隙结构分形维数、初始含水率、伊利石、混层比分别为 5％和 30％的伊/蒙混层、高岭石和绿泥石。上述 8 个因素对天然岩石的有压和无压吸水过程中的岩石饱和吸水率的影响相同，即：有效孔隙率（ϕ_e）、伊利石（I）含量、伊/蒙混层（I/S，S％＝5％）含量和高岭石含量与岩石饱和吸水率呈正相关，岩石吸水试验前含水率（初始含水率）（w_0）、有效孔隙分形维数、伊/蒙混层（I/S，S％＝30％）以及绿泥石含量的大小与岩石饱和吸水率负相关。

　　各个因素对天然状态下的岩石在不同条件下的饱和吸水率的影响系数的大小存在异同点，首先看相同点：（1）正相关因素中，高岭石、伊利石和混层比为 5％的伊/蒙混层对岩石饱和吸水率的影响大小顺序相同，即高岭石＞伊/蒙混层（5％）＞伊利石；（2）负相关因素中，绿泥石、有效孔隙分形维数以及混层比为 30％的伊/蒙混层对岩石在不同条件下的饱和吸水率的影响系数大小的排序为绿泥石＞伊/蒙混层（30％）＞有效孔隙分形维数；（3）有效孔隙结构分形维数在两种条件下对饱和吸水率的影响系数在负相关因素中最小。不同点是有效孔隙率在有压吸水正相关影响因素中影响系数最小，而在无压吸水正相关影响因素中影响系数最大。

3. 干燥岩石和天然岩石在有压吸水影响因素下的比较与分析

　　由表 4.6 可知，用于有压吸水试验的干燥岩石和天然岩石，其共有的影响因素有：有效孔隙率、有效孔隙结构分形维数、伊利石、混层比为 30％的伊/蒙混层、高岭石和绿泥石。与深部软岩有压吸水能力大小正相关的因素有：有效孔隙率（ϕ_e）、伊利石（I）含量和高岭石（K）含量；与深部软岩有压吸水能力大小负相关的因素有：有效孔隙结构分形维数（D）和伊/蒙混层（S%＝30%）的含量；绿泥石与天然岩石有压吸水能力负相关，而与干燥岩石有压吸水能力正相关。

高岭石对深部软岩有压吸水能力大小的影响权重系数大于伊利石，伊/蒙混层（S%＝30%）对深部软岩有压吸水能力大小的影响权重系数大于有效孔隙结构分形维数。

4. 干燥岩石和天然岩石无压吸水影响因素的比较与分析

由表 4.6 可知，用于无压吸水试验的干燥岩样和新鲜岩样，其共有的影响因素包括：有效孔隙率、有效孔隙结构分形维数、伊利石、混层比为 30% 的伊蒙混层、高岭石和绿泥石。与深部软岩无压吸水能力大小正相关的因素为：有效孔隙率（ϕ_e）和高岭石（K）含量的大小；与深部软岩无压吸水能力大小负相关的因素则包括：有效孔隙结构分形维数（D）和绿泥石（C）含量。伊利石（I）和伊/蒙混层（S%＝30%）与不同状态岩石的无压吸水能力大小的相关性相反，即伊利石（I）含量越大、伊/蒙混层（S%＝30%）的含量越小，那么天然岩石在无压吸水过程中的饱和吸水率越大，而干燥岩石在无压吸水过程中的饱和吸水率则越小。

4.2.4　其他影响因素

1. 初始含水率的影响

软岩中的水对岩石的物理、力学和化学性质均有较大影响。岩石是由矿物颗粒、水和空气组成的三相体，而水分子是一种极性分子，正负电荷分布在水分子的两端。岩石内部存在不同形式的水，其中一部分以结晶水的形式存在于固体颗粒的内部，另一部分则以结合水和自由水的形式存在于岩石中。结合水距离岩石颗粒表面远近不同，其所受电场作用力的大小就会不同，故结合水又分为强结合水和弱结合水。所谓强结合水是在靠近岩石颗粒周围 0.5μm 厚度范围内的水，又被称为分子结合水，其吸附力可达 1000MPa。强结合水（分子结合水）受电场的作用力很大，几乎不能移动，其本身具有很大的黏滞性和抗剪能力等。软岩矿物成分不同，岩石中所含强结合水的多少便会不同，对于黏土类岩石，强结合水可达到 17% 及以上。当外界温度在 105～110℃时，强结合水可以蒸发。弱结合水也叫吸附水或薄膜水，对应位置为强结合水以外，仍受矿物表面电场的影响。吸附水被吸附在岩石颗粒周围，是水化膜组成的主要部分，相当于扩散双电层的位置。弱结合水的厚度在 5～10μm 以上，距离强结合水越远，水分子之间的吸引力越小，弱结合水可以发生变形，但其不受重力的影响，即不能传递静水压力。对于黏土类岩石，薄膜水具有最大厚度时的岩石含水率大于 24%。自由水则可以分为毛细水和重力水。毛细水是由于水膜与空气分界处表面张力作用而存储在岩石微孔隙中的水，其位置位于弱结合水之外。毛细水受岩石内部孔隙的结构形态、大小分布特征以及岩石所处环境的温度、湿度和饱和度等因素的影响较大。值得注意的是，毛细水在压力状态发生改变时可产生移动，岩石颗粒本身对它的影响较小。对于黏土类岩石，孔隙的半径很小，表面积大，表面张力较大，导致毛细水的含量较大，可达 30% 左右。重力水是指岩石颗粒分子引力范围以外的水，不受岩石颗粒表面电场作用的影响，仅在自身重力作用下运动。重力水可以在岩石孔隙中自由移动。一般来说，若岩石的初始含水率越大，那么黏土矿物的亲水性降低，原有孔隙空间被占据，那么岩石从外界吸水的能力就会变差。

2. 水压力的影响

一般情况下，岩石的有效孔隙率越大，岩样吸水能力就越强，二者表现为正相关关系。然而，在不同水压条件下的 2 组页岩试样的吸水率和有效孔隙率之间却均存在一定的负相关关系，如图 4.29 所示。这可能是因为页岩试样的有效孔隙率相对较小，都分布在 1.12%～3.62% 的范围内。在这种情况下，岩石中微孔隙数量的多少不再是影响吸水率的主要因素，而微孔隙的结构特征（复杂性和连通性）与水压力成为影响吸水能力的主要因素。

图 4.30 为页岩在两种不同试验模式下试样平均吸水率的关系。对比发现，有水压状态下页岩的吸水率是无水压状态页岩吸水率的 2 倍以上，有水压吸水的速率远远大于无水压吸水的速率，这也间接说明外部环境的改变对岩石的吸水影响显著。

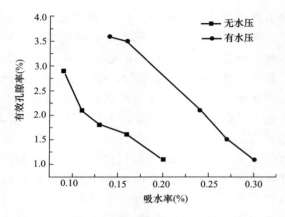

图 4.29 页岩有效孔隙率与吸水率之间的关系

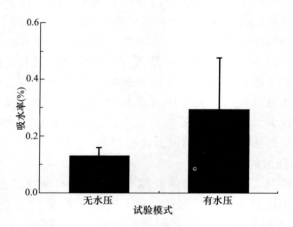

图 4.30 不同试验模式下试样平均吸水率的关系

3. 水溶液的影响

对比分析某一泥岩在不同水化学溶液中的吸水演化特征，不同水化学溶液对岩石损伤程度的强弱，通过对水化学溶液 pH 值的监测，岩样的吸水率与不同浸泡时间的对应关系如图 4.31 所示。由此可见，在 0.01mol/L NaCl 溶液中，吸水率增幅最大、变化最快的依次为：pH＝2＞pH＝12＞pH＝7；在 pH＝7 的不同溶液中则表现为：蒸馏水＞0.1mol/L NaCl＞0.01mol/L NaCl。岩样吸水率随时间的增加归因于内部裂纹扩展随时间发生动态改变。在浸泡过程中，水化学溶液最先渗透至岩样内部原生的微孔洞或微裂纹中，在水岩化学作用下，矿物发生溶蚀并被流体运移带走，岩样内部孔隙不断发生扩展，进而形成次生微孔隙，水化学溶液又渗入这些新生的微孔隙中，如此反复，不断加剧岩样的水化损伤，由此表明泥岩的水化损伤具有时间效应。

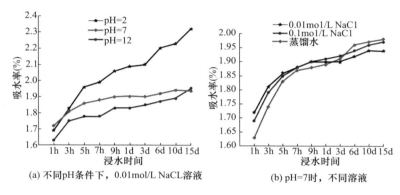

(a) 不同pH条件下，0.01mol/L NaCL溶液　　(b) pH=7时，不同溶液

图4.31　不同化学溶液下岩石的吸水率

4. 温度的影响

除了降雨、库水位上升和下降、地下水位波动、高温作用影响外，自然界中还广泛存在着另一种温度和水交替循环作用的影响效应，比如高温季节被烘烤炙热的岩体突遇降雨、夏季高温时节昼夜交替的巨大温差等引起岩土体热湿循环效应。事实上，这种热湿循环对岩石力学性质及岩体工程稳定性造成的衰减是一种累积发展的过程，比持续浸泡更剧烈。

在该问题的研究中，研究人员设计试验"烘干-吸水"流程，设计烘烤温度为50℃，烘烤4h后在岩样1/10高度进行为期1h的吸水为一个热湿试验循环过程，对高温循环作用下三峡库区砂岩进行试验。

从图4.32可以看出，岩石1h吸水率总体趋势可分为2个阶段：减速增长阶段和稳定增长阶段。对比图4.32和图4.33可知，岩石在1h内的吸水率变化规律与质量劣化规律具有一定的相似性。当吸水率大时，烘烤 4h 后，质量的劣化相对吸水率小时要小，这说明 4h 的烘烤，岩石并非处于干燥状态，孔隙和裂隙内含有一定水分，这与夏季高温季节下，岩石的实际赋存状态是相似的。这说明每次循环对岩石吸水含量的影响变化大，进一步说明，在高温作用下，岩石的孔隙和裂隙发育情况发生显著的调整。

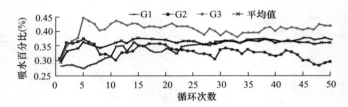

图 4.32　岩石吸水百分比随循环次数变化

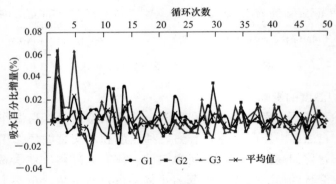

图 4.33　岩石吸水百分比增量随循环次数变化的趋势

参 考 文 献

[1]　李天斌，陈子全，陈国庆，等. 不同含水率作用下砂岩的能量机制研究 [J]. 岩土力学，2015（S2）：229-236.

[2]　LOCKINGTON D，PARLANGE J Y，DUX P. Sorptivity and theestimation of water penetration into unsaturated concrete [J]. Materials & Structures，1999，32（5）：342-347.

[3]　LEVENTIS A，VERGANELAKIS D A，HALSE M R，et al. Capillaryimbibition and pore characterisation in cement pastes [J]. Transport in Porous Media，2000，39（2）：143-157.

[4]　DEHGHANPOUR H，LAN Q，SAEED Y，et al. Spontaneousimbibition of brine and oil in gas shales：effect of wateradsorption and resulting microfractures [J]. Energy & Fuels，2013，27（6）：3 039-3 049.

[5]　ENGELDER T，CATHLES L M，BRYNDZIA L T. The fate of residual treatment water in gas shale [J]. Journal of Unconventional Oil & Gas Resources，2014，7：33-48.

[6]　蔡建超，郁伯铭. 多孔介质自发渗吸研究进展 [J]. 力学进展，2012，42（6）：735-754.

[7]　张娜，赵方方，张毫毫，等. 岩石气态水吸附特性及其影响因素试验研究 [J]. 矿业科学学报，2017，2（4）：336-347.

[8]　何满潮，杨晓杰，孙晓明. 中国煤矿软岩黏土矿物特征研究 [M]. 北京：煤炭工业出版社，2006.

[9]　ZHANG N，HE M C，LIU P Y. Water vapor sorption and its mechanical effect on clay-bearing conglomerate selected from China [J]. Engineering Geology，2012，141-142.

[10]　HE M C，FANG Z J，ZHANG P. Theoretical studies on the extrinsic defects of montmorillonite in soft rock [J]. Modern Physics Letters，2009，23（25）：1-9.

[11]　赵杏媛，张有瑜. 黏土矿物与黏土矿物分析 [M]. 北京：海洋出版社，1990.

[12]　周莉. 深井软岩水理特性试验研究 [D]. 北京：中国矿业大学(北京)，2008.

[13]　康毅力，罗平亚，沈守文，等. 黏土矿物产状和微结构对地层损害的影响 [J]. 西南石油学院学报，1998，20（2）：7-29.

[14]　康毅力. 川西致密含气砂岩黏土矿物与地层损害研究 [D]. 成都：西南石油学院，1998.

[15]　屈世显，张建华. 分形与分维在地球物理学中的应用 [J]. 西安石油学院学报，1991，6（2）：47-49.

[16]　何满潮，周莉，李德建，等. 深井泥岩吸水特性试验研究 [J]. 岩石力学与工程学报，2008（6）：1113-1120.

[17]　张娜，王水兵，赵方方，等. 软岩与水相互作用研究综述 [J]. 水利

水电技术，2018，49（7）：1-7.

[18] 贺承祖，华明琪. 油气藏物理化学 [M]. 成都：电子科技大学出版社，1995.

[19] 张娜，王水兵，何枭，等. 深部煤系页岩吸水及软化效应微观机理研究 [J]. 矿业科学学报，2019，4（4）：308-317.

[20] LI P，ZHENG M，BI H，et al. Pore throat structure and fractal characteristics of tight oil sandstone：A case study in the Ordos Basin，China [J]. Journal of Petroleum Science and Engineering，149：665-674.

[21] GUO X，HUANG Z，ZHAO L，et al. Pore structure and multi-fractal analysis of tight sandstone using MIP，NMR and NMRC methods：A case study from the Kuqa depression，China [J]. Journal of Pe-troleum Science and Engineering，2019，178：544-558.

[22] WANG J，CAO Y，LIU K，et al. Fractal characteristics of the pore structures of fine -grained，mixed sedimentary rocks from the Jimsar Sag，Junggar Basin：Implications for lacustrine tight oil accumulations [J]. Journal of Petroleum Science and Engineering，2019，182.

[23] 陈磊，姜振学，温暖，等. 页岩纳米孔隙分形特征及其对甲烷吸附性能的影响 [J]. 科学技术与工程，2017，17（2）：31-39.

[24] 韩宗芳. 南芬露天铁矿岩样气态水吸附试验研究 [D]. 北京：中国矿业大学（北京），2013.

[25] 张娜，王水兵，严成钢，等. 基于核磁共振技术的泥岩水化损伤孔隙结构演化试验 [J]. 煤炭学报，2019，44（S1）：110-117.

[26] 王乐华，金晶，赵二平，等. 热湿作用下三峡库区典型砂岩劣化效应研究 [J]. 长江科学院院报，2017，34（6）：76-80.

[27] 谢小帅，陈华松，肖欣宏，等. 水岩耦合下的红层软岩微观结构特征与软化机制研究 [J]. 工程地质学报，2019，27（5）：966-972.

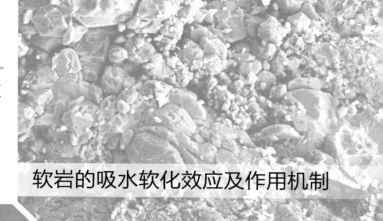

第5章

软岩的吸水软化效应及作用机制

5.1　吸水软化效应

软岩遇水发生力学性质软化的微观机制主要有矿物吸水膨胀、崩解软化、水中的离子吸附和交换、易溶性矿物溶解与生成机制、水溶液对软岩的微观力学作用以及软岩软化的非线性化学动力学等。这些因素导致软岩的微观结构发生非线性演化，进而改变软岩的力学性质。尤其对于某些特殊的软岩在天然状态下较为完整、坚硬，力学性能良好，遇水后短时间内迅速膨胀、崩解和软化，从而造成力学性质快速大幅度降低。

水对岩石强度的弱化程度取决于岩石的物理性质、初始状态、含水率、重度及应力状态等因素。大量的试验结果表明，对于煤矿开采中遇到的岩石，如页岩、泥岩及粉砂岩等，其单轴抗压强度和弹性模量与含水率基本呈线性关系。

岩石含水率不仅与岩石本身的吸水特性有关，而且受其应力状态的影响也很大。当应力状态发生变化时，必然引起岩石体积改变，从而导致岩石重度和含水率发生变化。根据陈宗基提出的岩石变形理论，当岩石所受的应力偏量小于某一数值时，岩石的体积应变为弹性应变，而当应力偏量大于该值时，岩石将发生扩容现象。

5.1.1　水蒸气吸附软岩软化效应

干燥和水蒸气湿润砾岩样品的单轴压缩试验结果如表 5.1 所

示。由图 5.1 可知，含水率和单轴抗压强度（UCS）以及弹性模量（E_t）之间具有负相关性。两种相关性的皮尔逊相关系数（r）分别为 -0.64 和 -0.67。两种相关性的显著性水平（p）均低于0.1，表明图 5.1 中给出的两种关系在 90% 置信限下具有统计学意义。低相关系数 "r" 可归因于测定 UCS 和杨氏模量产生的测量误差。然而，结果表明，随着水蒸气吸附引起的含水率增加，砾岩岩石强度趋于降低，同时更容易变形。因此，很明显，水蒸气吸附会降低岩石强度，增加变形的脆弱性。

砾岩样品的单轴压缩试验结果 表 5.1

编号	孔隙率（%）		累积孔隙体积（mL/g）		分形维数
	$d>0\mu m$	$d>0.2\mu m$	$d\leqslant0.2\mu m$	$d>0.2\mu m$	（$d>0.2\mu m$）
C-1	22.327	12.113	0.0776	0.042	2.815
C-2	22.956	9.969	0.1126	0.049	2.812
C-3	18.942	6.936	0.0863	0.032	2.758
C-4	9.636	4.747	0.0747	0.037	2.857
C-5	19.860	3.341	0.0963	0.016	2.633
C-6	18.550	6.202	0.1017	0.034	2.813

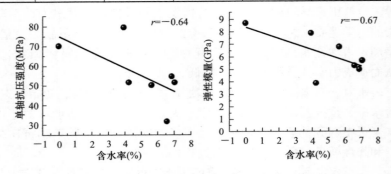

图 5.1 含水率与单轴抗压强度和弹性模量的相关关系

5.1.2 液态水吸附软岩软化效应

吸水引发了深部页岩的强度劣化效应，这是深部煤矿软岩巷道大变形的重要原因。通过单轴压缩试验测得的吸水后页岩试样的主要力学参数列于表 5.2。为了较准确分析该矿区页岩试样的单轴抗压强度与含水率的关系，补充了干燥状态（试样 DS）、自然状态（试样 NS）和饱和状态（试样 SS）的三种页岩试样的单轴压缩试验，并获取了其力学参数。

表 5.2

页岩在不同含水率状态下的单轴压缩试验结果

岩样编号	含水率（%）	单轴抗压强度（MPa）	弹性模量（GPa）	泊松比
S-1	0.175	73.30	18.81	0.26
S-2	0.207	69.71	16.68	0.20
S-3	0.106	71.35	10.86	0.24
S-4	0.482	62.63	14.69	0.18
S-5	0.596	61.59	14.13	0.23
S-6	0.292	76.16	13.35	0.15
S-7	0.518	70.21	11.94	0.18
S-8	0.701	73.10	8.70	0.11
S-9	0.393	68.50	14.50	0.14
S-10	0.528	71.71	15.91	0.29
DS	0	77.70	7.70	0.17
NS	0.101	76.10	13.40	0.16
SS	1.349	60.90	12.70	0.24

　　对表 5.2 中的试验结果进行拟合回归分析，结果表明页岩试样的单轴抗压强度与其含水率之间呈线性负相关关系，如图 5.2 所示。已有研究表明：一些强度较高的岩石遇水之后也会出现类似的强度降低现象。

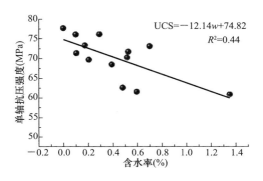

图 5.2　页岩试样含水率与单轴抗压强度的相关关系

　　进一步研究页岩遇水之后强度降低的潜在作用机制，对页岩试样吸水前后孔隙率的变化规律进行了对比分析（图 5.3）。对比结果表明：吸水之后的页岩试样的孔隙率显著增加，这通常是由水对岩石中溶解性矿物的溶解和侵蚀作用导致的。此外，拟合回归分析表明，随着孔隙率的增加，页岩试样的单轴抗压强度减小。由此推断，水岩相互作用导致的岩石内部孔隙率的增加，是页岩吸水之后强度降低的重要原因之一。

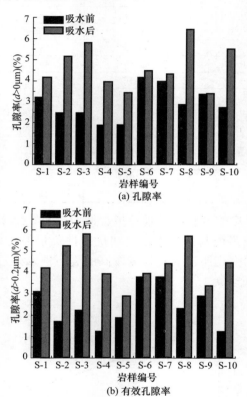

图 5.3　页岩吸水前后孔隙率和有效孔隙率的比较

5.1.3　不同含水状态软岩软化效应

1. 深部干燥软岩有压吸水后强度软化规律

进行干燥状态下有压吸水试验的深部软岩样品有 9 个，即：砾岩 L-4 和 L-10，粗砂岩组 CS-2 和 CS-20，细砂岩 XS-4 和 XS-12，中砂岩 ZS-2，粉砂岩 FS-2 以及泥岩 N-5，吸水试验样品见图 2.2。

其中砾岩 L-4 和 L-10、粗砂岩 CS-2、中砂岩 ZS-2、细砂岩 XS-12、粉砂岩 FS-2 和泥岩 N-5 均属于高应力型软岩，而粗砂岩 CS-20 和细砂岩 XS-4 则属于高应力-膨胀性复合型软岩。上述样品吸水试验结束后的单轴试验结果见图 5.4。

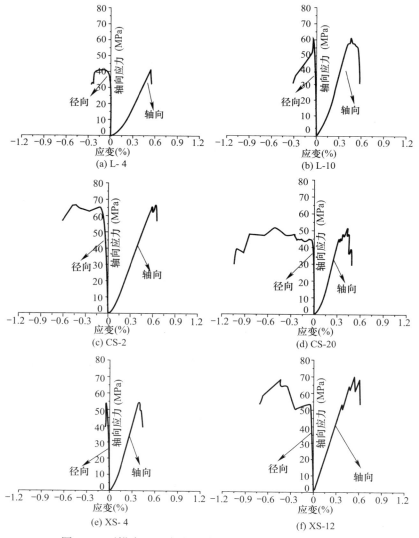

图 5.4　干燥有压吸水岩样单轴压缩应力-应变曲线（一）

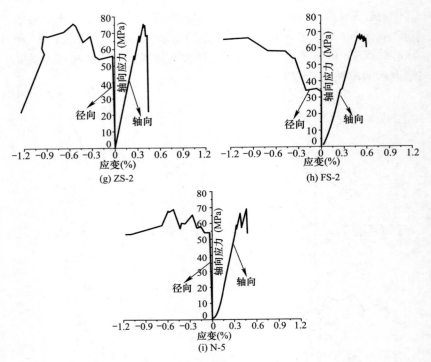

图 5.4　干燥有压吸水岩样单轴压缩应力-应变曲线（二）

进行有压吸水试验的 9 个深部干燥岩石样品吸水试验结束后，各岩样的基本物理力学参数见表 5.3。

深部干燥岩石样品有压吸水后物理力学参数　　表 5.3

样品编号	岩性	单轴时含水率 $w(\%)$	峰值应力 $\sigma(MPa)$	弹性模量 $E(MPa)$	泊松比
L-4	砾岩	1.0672	41.41	10.19	0.11
L-10	砾岩	0.555	60.65	18.26	0.13
CS-2	粗砂岩	0.2114	66.59	13.85	0.22
CS-20	粗砂岩	0.7271	51.63	19.11	0.03
XS-4	细砂岩	0.6539	53.79	16.88	0.15
XS-12	细砂岩	0.0918	69.58	14.93	0.1
ZS-2	中砂岩	0.1098	75.32	25.39	0.13
FS-2	粉砂岩	0.5148	67.84	16.61	—
N-5	泥岩	0.139	68.9	22.08	0.16

（1）深部干燥软岩有压吸水后的含水率与其单轴抗压强度的对应关系

干燥岩石在有压吸水试验结束后的单轴抗压强度与岩石含水率之间的散点图见图 5.5。由图 5.5 可以看出，随着深部干燥岩石含水率的增大，岩石样品的单轴抗压强度降低，并且岩石含水率与岩石吸水后的单轴抗压强度呈现良好的线性关系。

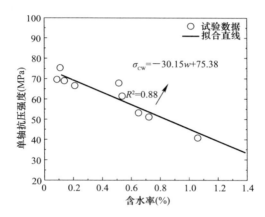

图 5.5　干燥岩石有压吸水后含水率与单轴抗压强度的关系

建立上述有压吸水试验结束后的岩石样品的单轴抗压强度与岩石含水率之间的关系，利用式（5.1）进行拟合。

$$\sigma_{cw} = a - bw \qquad (5.1)$$

式中，w 是指岩石的含水率；a 和 b 为系数。应用 Origin7.5 对其进行线性回归分析，拟合曲线图见图 5.1，拟合结果见式（5.2）。

$$\sigma_{cw} = 75.38 - 30.15w \qquad (5.2)$$

式中，w 是指干燥岩石样品有压吸水试验结束后的含水率，即为深部干燥岩石样品的有压吸水率。

将干燥岩石有压吸水过程中吸水率与吸水时间的拟合公式［见式（4.1）和表 4.3 的拟合参数］代入式（5.2），即可得到深部干燥岩石样品有压吸水后的单轴抗压强度与其吸水时间的对应关系，见式（5.3）。

$$\sigma_{cw} = 75.38 - 30.15[w_0 + a(1 - e^{-bt})] \qquad (5.3)$$

（2）深部干燥软岩有压吸水后的含水率与其弹性模量和泊松比的对应关系

图 5.6 为深部干燥岩石样品在有压吸水试验后，各岩石样品的弹性模量和泊松比与岩石含水率之间的关系图。由图 5.6 可以看出：弹性模量和泊松比与岩石含水率之间无确定的变化规律。当岩石含水率小于 0.2% 时，弹性模量随着含水率的增大而急剧减小，而泊松比随着岩石含水率的增加而增大；当岩石含水率大于 0.2% 时，弹性模量随着含水率的增大呈上升趋势，而泊松比则呈现下降趋势。

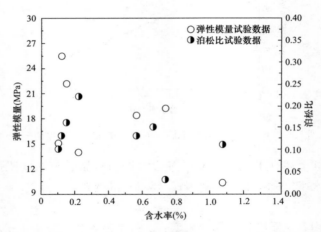

图 5.6　干燥岩样有压吸水后含水率与弹性模量和泊松比关系

2. 深部干燥软岩无压吸水后强度软化规律

（1）深部干燥软岩无压吸水试验后的含水率与其单轴抗压强度的对应关系

深部干燥岩样无压吸水后单轴压缩应力-应变曲线见图 5.7。干燥岩石在无压吸水试验结束后的单轴抗压强度与岩石含水率之间的散点图见图 5.8。由图 5.8 可以看出，随着深部干燥岩石含水率的增大，岩石样品的单轴抗压强度降低，并且岩石含水率与岩石吸水后的单轴抗压强度呈现良好的线性关系。深部干燥岩石样品无压吸水后样品物理力学参数见表 5.4。

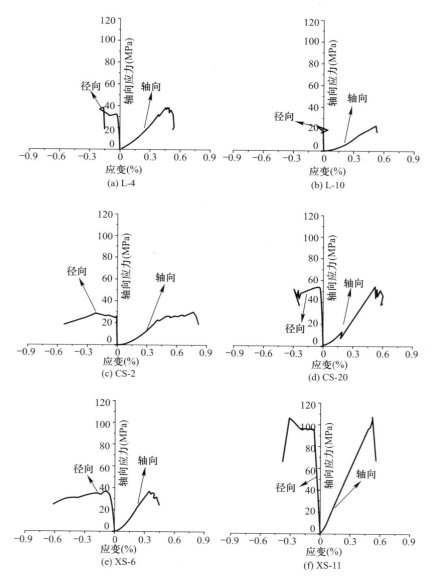

图 5.7 深部干燥岩样无压吸水后单轴压缩
应力-应变曲线（一）

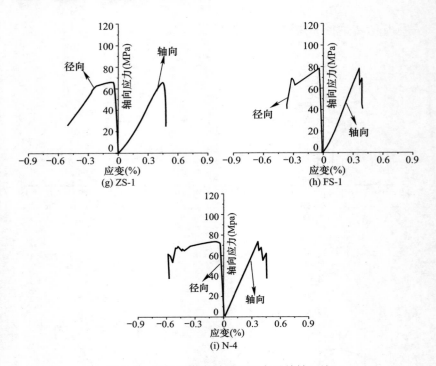

图 5.7 深部干燥岩样无压吸水后单轴压缩
应力-应变曲线（二）

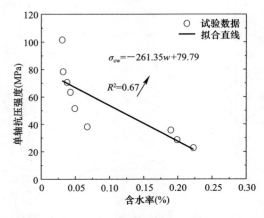

图 5.8 深部干燥岩石无压吸水岩样含水率与单轴抗压强度关系

深部干燥岩石样品无压吸水后样品物理力学参数　表 5.4

样品编号	岩性	含水率 $w(\%)$	峰值应力 $\sigma(\text{MPa})$	弹性模量 $E(\text{MPa})$	泊松比
L-5	砾岩	0.0673	38.15	10.71	0.18
L-7	砾岩	0.2229	22.71	6.47	0.02
CS-6	粗砂岩	0.1989	28.6	7.87	0.05
CS-7	粗砂岩	0.0492	51.54	12.85	0.09
XS-6	细砂岩	0.1898	35.58	13.47	0.25
XS-11	细砂岩	0.0306	101.52	22.46	0.17
ZS-1	中砂岩	0.0427	63.37	18.2	0.11
FS-1	粉砂岩	0.0320	78.39	24.08	0.09
N-4	泥岩	0.0378	70.56	23.37	0.1

应用 Origin 7.5，对其按式（5.1）进行线性拟合分析，拟合结果见式（5.4）。

$$\sigma_{cw} = 79.79 - 261.35w \qquad (5.4)$$

式中，w 是指干燥岩石样品吸水后的含水率，即为干燥岩石的无压吸水率。

将干燥岩石无压吸水过程中吸水率与吸水时间的拟合公式代入式（5.4），即可得到深部干燥岩石样品无压吸水后的单轴抗压强度与其吸水时间的对应关系，见式（5.5）。

$$\sigma_{cw} = 79.79 - 261.35[w_0 + a(1 - e^{-bt})] \qquad (5.5)$$

（2）深部干燥软岩无压吸水后的含水率与其弹性模量和泊松比的对应关系

岩样含水率与弹性模量和泊松比的关系见图 5.9。由图 5.9 可知，干燥岩石无压吸水后，其弹性模量和泊松比与岩石含水率之间无确定的变化规律。当岩石含水率小于 0.07% 时，弹性模量随着含水率的增大而急剧减小，而泊松比随着岩石含水率的增加而增大。

3. 深部干燥软岩有压与无压吸水强度软化规律的比较

深部干燥软岩在有压和无压吸水过程中，岩石含水率均与岩石的单轴抗压强度具有良好的线性关系，即随着岩石含水率的增长，岩石强度呈线性降低。

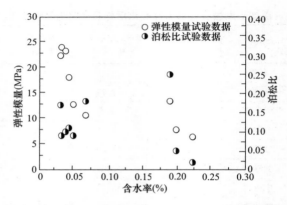

图 5.9　干燥岩样无压吸水过程中含水率与弹性模量和泊松比关系

由式（5.1）可以求解出深部干燥软岩在不同条件下吸水后的单轴抗压强度随含水率增加的衰减速率大小，见式（5.6）。

$$\frac{\mathrm{d}\sigma_{\mathrm{cw}}}{\mathrm{d}t} = -b \qquad (5.6)$$

通过式（5.6）可以分别求得深部干燥岩石样品在有压和无压条件下的吸水过程中，岩石单轴抗压强度随岩石含水率增加的衰减系数分别为 30.15 和 261.35。

因此，可以得出：深部干燥岩石在无水压条件下吸水的强度软化速率要远大于其在有水压条件下吸水过程中的强度软化速率。

4. 深部天然软岩有压吸水后强度软化规律

进行天然状态下的有压吸水试验的岩石样品有：泥岩 1 号-1、3 号-1、4 号-1 和 6 号-1，砂质泥岩 H-5 和 H-8 以及中砂岩 HB-5 和 HB-7，吸水试验样品见图 2.2。其中泥岩 1 号-1、3 号-1、4 号-1 和 6 号-1、中砂岩 HB-5 属于深部高应力型软岩，而砂质泥岩 H-5 和 H-8、中砂岩 HB-7 属于深部高应力-膨胀复合型软岩。对吸水试验结束后的岩石样品进行单轴压缩强度试验，各岩石样品的应力-应变变化曲线见图 5.10。

进行有压吸水试验的 8 个深部天然岩石样品吸水试验结束后，各岩样的基本物理力学参数见表 5.5。

（1）深部天然软岩有压吸水试验后的含水率与其单轴抗压强度的对应关系

深部天然岩石样品在有压吸水试验结束后的单轴抗压强度与

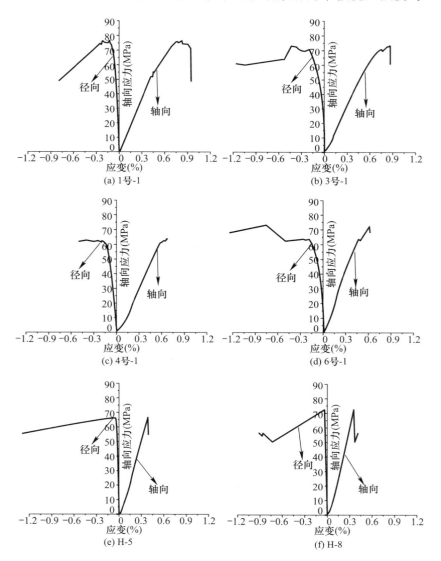

图 5.10　天然有压吸水岩样单轴压缩应力-应变曲线（一）

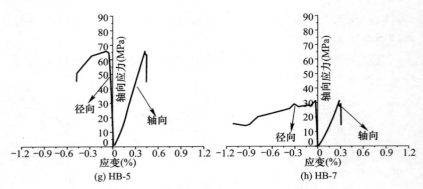

图 5.10　天然有压吸水岩样单轴压缩应力-应变曲线（二）

深部天然岩石有压吸水后对应物理力学参数　　表 5.5

样品编号	岩性	含水率 $w(\%)$	峰值应力 $\sigma(MPa)$	弹性模量 $E(MPa)$	泊松比
1 号-1	泥岩	0.2949	76.16	13.35	0.15
3 号-1	泥岩	0.3693	70.15	11.88	0.18
4 号-1	泥岩	0.5764	60.9	12.7	0.24
6 号-1	泥岩	0.6940	71.71	15.91	0.29
H-5	砂质泥岩	1.3752	64.72	19.34	0.14
H-8	砂质泥岩	1.7540	70.06	22.22	0.13
HB-5	中砂岩	1.3368	63.56	17.81	0.13
HB-7	中砂岩	3.4554	31.75	15.3	0.11

岩石含水率之间的散点图见图 5.11。由图 5.11 可以看出，随着深部天然岩石含水率的增大，岩石样品的单轴抗压强度降低，并且岩石含水率与岩石吸水后的单轴抗压强度呈现良好的线性关系。

通过 Origin 7.5，建立上述有压吸水试验结束后的岩石样品的单轴抗压强度与岩石含水率之间的关系，利用式（5.7）进行拟合。

$$\sigma_{cw} = a - bw \qquad (5.7)$$

式中，w 为天然岩石吸水试验结束后的含水率，即天然岩石样品的天然含水率与吸水率之和 [见式（5.8）]；a 和 b 为系数。

$$w = w_0 + w(t) \qquad (5.8)$$

式中，w_0 为岩石的初始含水率；$w(t)$ 为岩石在累积吸水 t 个小时的吸水率。

天然岩石在有压吸水过程中的单轴抗压强度与含水率之间关系的拟合曲线见图 5.11，线性拟合方程见式（5.9）。

$$\sigma_{cw} = 77.80 - 11.50w \tag{5.9}$$

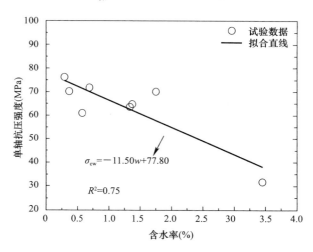

图 5.11   天然岩样有压吸水后含水率与单轴抗压强度关系

由图 5.11 可以发现，深部天然岩石有压吸水后，其强度随着岩石含水率的增大而降低，并且岩石含水率与岩石吸水后的单轴抗压强度线性关系良好。

将天然岩石样品有压吸水过程中吸水率与吸水时间的拟合公式代入式（5.9），即可得到深部天然岩石样品吸水后的单轴抗压强度与其吸水时间的对应关系，见式（5.10）。

$$\sigma_{cw} = 77.80 - 11.50[w_0 + a(1 - e^{-bt})] \tag{5.10}$$

（2）深部天然软岩有压吸水后的含水率与其弹性模量和泊松比的对应关系

岩样含水率与弹性模量和泊松比的关系见图 5.12。由图 5.12 可以看出：弹性模量和泊松比与岩石含水率之间无确定的变化规律。当岩石含水率小于 1% 时，弹性模量和泊松比随着岩石含水率的增加而增大；当岩石含水率大于 1% 时，弹性模量依然随着含水率的增大呈上升趋势，而泊松比则呈现下降趋势；当岩石含水率

软岩与水相互作用及吸水软化效应

大于 2‰时，弹性模量随着含水率的增加而减小。

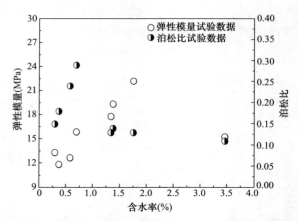

图 5.12　深部天然岩样有压吸水过程中含水率与其弹性模量和泊松比关系

5. 深部天然软岩无压吸水后强度软化规律

进行天然状态下的无压吸水试验的岩石样品有：泥岩 2 号-2、7 号-1、3 号-2、5 号-2、4 号-2 和 6 号-2，砂质泥岩 H-4 和 H-6 以及中砂岩 HB-4 和 HB-6。其中，泥岩 2 号-2、7 号-1、3 号-2、5 号-2、4 号-2 和 6 号-2、中砂岩 HB-4 均属于深部高应力型软岩，而砂质泥岩 H-4 和 H-6、中砂岩 HB-6 属于深部高应力-膨胀复合型软岩。上述岩石样品的单轴压缩强度试验结果见图 5.13。

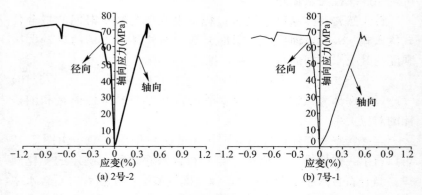

图 5.13　深部天然岩石样品无压吸水后的单轴
压缩应力-应变曲线（一）

180

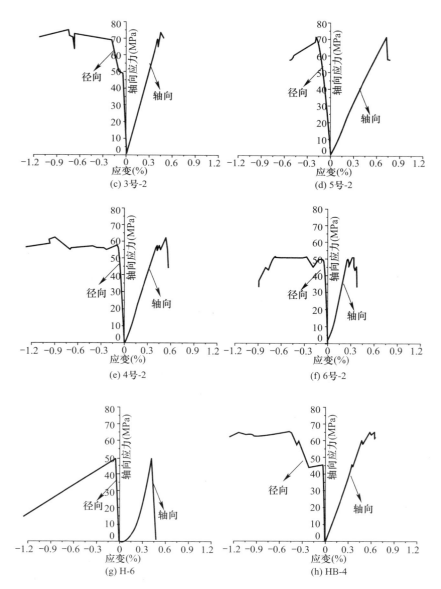

图 5.13　深部天然岩石样品无压吸水后的单轴
压缩应力-应变曲线（二）

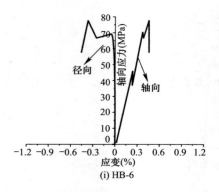

(i) HB-6

图 5.13 深部天然岩石样品无压吸水后的单轴
压缩应力-应变曲线（三）

在深部天然岩石无压吸水试验中，共采用 10 个岩石样品。但由于砂质泥岩 H-4 样品在单轴试验中失败，未能获取其吸水后的单轴抗压强度、弹性模量等相关参数，故本组单轴试验有 9 个样品。

上述 9 个天然岩石样品无压吸水后各岩样的基本物理力学参数见表 5.6。

深部天然岩石无压吸水后样品物理力学参数　　　表 5.6

样品编号	岩性	含水率 w（%）	峰值应力 σ（MPa）	弹性模量 E（MPa）	泊松比
2 号-2	泥岩	0.1850	73.3	18.81	0.26
7 号-1	泥岩	0.2386	68.77	14.8	0.22
3 号-2	泥岩	0.2202	69.71	16.68	0.2
5 号-2	泥岩	0.1172	71.35	10.86	0.24
4 号-2	泥岩	0.4895	62.63	14.69	0.18
6 号-2	泥岩	0.6112	51.59	24.13	0.23
H-6	砂质泥岩	0.8317	49.17	20.41	0.15
HB-4	中砂岩	0.4805	65.16	15.53	0.17
HB-6	中砂岩	2.2558	39.45	20.69	0.15

（1）深部天然软岩无压吸水试验后的含水率与其单轴抗压强度的对应关系

深部天然岩石在无压吸水试验结束后的单轴抗压强度与岩石

含水率之间的散点图见图 5.14。由图 5.14 可以看出,深部天然岩石样品在无压吸水过程中,岩石样品的单轴抗压强度随着岩石含水率的增大而降低,并且岩石含水率与岩石吸水后的单轴抗压强度呈现良好的线性关系。

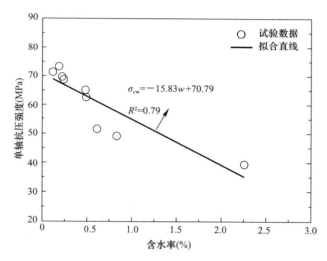

图 5.14　天然岩样无压吸水后含水率与单轴抗压强度关系

深部天然岩石在无压吸水过程中的单轴抗压强度与其吸水后的含水率之间关系的拟合方程见式 (5.11)。

$$\sigma_{cw} = 70.79 - 15.83w \qquad (5.11)$$

式中,w 是指岩石的含水率,为岩石的初始含水率与吸水率之和,见式 (5.8)。

将天然岩石样品无压吸水过程中吸水率与吸水时间的拟合公式代入式 (5.11),即可得到深部天然岩石样品吸水后的单轴抗压强度与其吸水时间的对应关系,见式 (5.12)。

$$\sigma_{cw} = 70.79 - 15.83[w_0 + a(1 - e^{-bt})] \qquad (5.12)$$

(2) 深部天然软岩无压吸水后的含水率与其弹性模量和泊松比的对应关系

岩样含水率与弹性模量和泊松比的关系见图 5.15,可以发现:弹性模量和泊松比与岩石含水率之间无确定的变化规律。

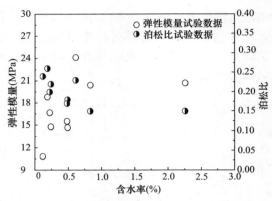

图 5.15　岩样含水率与弹性模量和泊松比关系

6. 深部天然软岩有压与无压吸水后强度软化规律的比较

深部天然岩石在有压吸水和无压吸水过程中，岩石的含水率均与岩石的单轴抗压强度具有良好的线性关系，即随着吸水后岩石的含水率增长，岩石样品的单轴抗压强度呈线性降低。

将式（5.9）和式（5.11）带入式（5.6），可以分别求得深部天然岩石在有压和无压吸水过程中，岩石单轴抗压强度随岩石含水率增加的衰减系数分别为 11.50 和 15.83。

因此，可以得出：深部天然岩石在无水压条件下的软化速度要大于岩石在有水压条件下的软化速度。

7. 深部干燥软岩和天然软岩吸水后强度软化规律的比较

下面分别将干燥岩石在有水压和无水压下的单轴抗压强度随岩石含水率变化关系与天然岩石在对应条件下的单轴抗压强度随岩石含水率变化关系进行对比分析。表 5.7 所列为不同吸水初始状态的岩石样品分别在有压吸水过程和无压吸水过程中，岩石单轴抗压强度随岩石含水率变化的函数关系。

岩石吸水过程中单轴抗压强度与其含水率
之间的函数关系　　　　　　　　　　表 5.7

类别	干燥岩石		天然岩石	
	有压吸水	无压吸水	有压吸水	无压吸水
强度衰减方程	$\sigma_{cw}=75.38-30.15w$	$\sigma_{cw}=79.79-261.35w$	$\sigma_{cw}=77.80-11.50w$	$\sigma_{cw}=70.79-15.83w$

类别	干燥岩石		天然岩石	
	有压吸水	无压吸水	有压吸水	无压吸水
拟合度 R^2	0.88	0.67	0.75	0.79
强度衰减速率	30.15	261.35	11.50	15.83

由表 5.9 可以看出：不同初始吸水状态的岩石，在有压吸水过程中的强度随含水率增加的衰减速率要小于无压条件下的强度衰减速率；干燥状态的岩石，在相同的吸水条件下，前者的强度随含水率增加的衰减速率大于天然状态岩石的强度衰减速率。

5.2　微观结构及矿物成分变化

5.2.1　水蒸气吸附微观结构变化

对比水蒸气吸附前后砾岩样品的 SEM 分析微观结构图像，可以看出，水蒸气吸附后砾岩岩石的微观形态发生了显著变化（图 5.16）。表 5.8 总结了水蒸气吸附前后微观结构的主要变化。

水化砾岩的微观结构变化可总结为：（1）原生孔隙/裂缝的扩张；（2）由水流、水浸和其他水化学反应等物理化学反应引起的矿物淋滤导致的次生孔隙/裂缝的形成。微观结构的变化最终导致密度降低，孔隙/裂纹系统发育，泥化程度增加，可以推断微观结构的变化可能是岩石软化和变质的重要原因。

5.2.2　液态水吸附微观结构变化

三组岩石样品的 SEM 扫描图像如图 5.17 所示。通过 SEM 图像［图 5.17(a)］可以看出，其所含的黏粒多呈现为叠片支架状微结构，对流体的阻力大，从而导致吸水率较小。辽宁大强砾岩样的黏土矿物以蒙脱石为主，通过 SEM 图像［图 5.17(b)］也可看出，其表面黏粒多呈絮团状结构，强度低易被破坏，阻挡水流能力弱，吸水能力较高。新疆沙吉海泥岩的黏土矿物成分以伊/蒙混层为主，此外，伊利石和高岭石都各自占一定比例，通过 SEM 图像［图 5.17(c)］可以看出，其表面微粒以片状伊/蒙混层、叠片状高岭石以及片状伊利石为主，吸水速率相对较高。

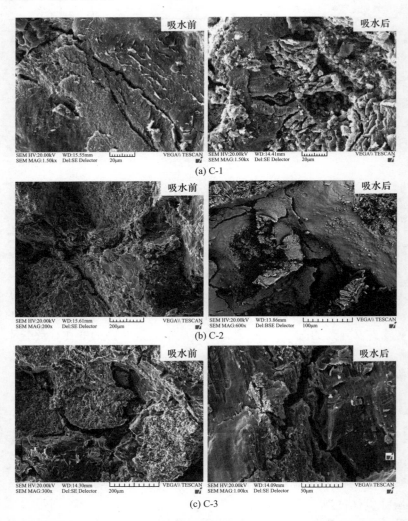

图 5.16　砾岩试样水蒸气吸附前后微观结构的比较（一）

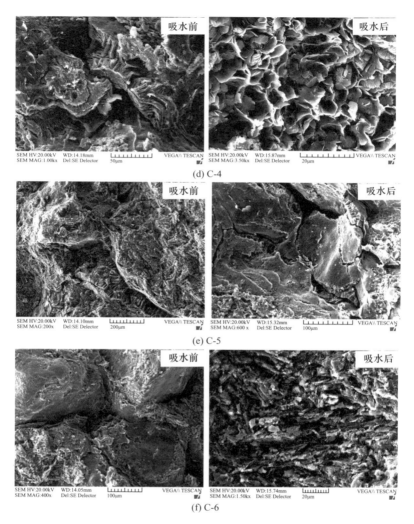

图 5.16　砾岩试样水蒸气吸附前后微观结构的比较（二）

砾岩样品在水蒸气吸附前后的微观结构特征描述　　表 5.8

样品编号	通过 SEM 图像分析微观结构特征	
	吸水前	吸水后
C-1	未发育粒间孔，表面覆盖黏土，少数微裂隙	粒间孔发育，黏土之间裂缝较多

续表

样品编号	通过 SEM 图像分析微观结构特征	
	吸水前	吸水后
C-2	晶间孔径 4~10μm，未发育孔隙	在颗粒表面和晶间空间产生薄层黏土膜，晶间孔径 10~40μm，孔隙率增加
C-3	晶粒表面覆盖有微孔	在颗粒表面和晶间空间产生了薄层黏土膜，并覆盖了絮状蒙脱石
C-4	颗粒间的层状蒙脱石致密	粒间层状蒙脱石变为蜂窝状
C-5	致密	发育粒间孔和裂缝
C-6	包含钾长石	钾长石浸出，形成次生孔隙

此外，三组岩样在吸水过程中，随时间增加它们的吸水速率均逐渐降低，其中一个重要的原因是吸水导致黏土矿物微结构发

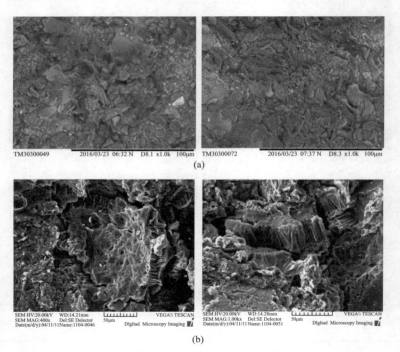

图 5.17　三组岩石样品的 SEM 扫描图像（一）

(c)

图 5.17 三组岩石样品的 SEM 扫描图像（二）

生了较大变化。以蒙脱石为例，在岩石吸水前蒙脱石多呈层片状结构，而在吸水后常常会变成蜂窝状结构，导致孔隙之间连通性变差，孔壁膨胀，从而使岩样的吸水受到阻碍。

5.2.3 矿物成分变化

研究表明伊利石与水反应会使其体积发生膨胀，大约增加 $50\%\sim60\%$。岩样内部的差异膨胀在宏观上表现为软岩的体积膨胀，这种膨胀作用所产生的应力分布非常不均匀，岩石内部出现了大量微孔隙，使得岩样的结构体系发生破坏，导致岩石颗粒崩裂。在水岩作用下，岩石的微观结构也发生了较大变化。自然状态下，泥岩微观结构以细小颗粒为主夹杂少量团状结构，它们互相胶结联结，孔隙空间分布均匀，结构较为致密。软岩遇水后黏土颗粒吸水膨胀并聚集成团，团粒间联结松散，孔隙被水充填之后迅速扩张，使原来并未完全连通的孔隙之间相通，并产生许多小孔隙，孔隙率增加，从而增大了泥岩的水解作用效果，结构变得越发疏松。同时，泥岩结构由团粒状结构向块状和鳞片状结构转变，颗粒间的胶结联结被破坏，块状和鳞片状结构的增多突显软岩遇水膨胀变形的特征，从而引起软岩在宏观上的软化及崩解。

（1）矿物的溶蚀

软岩中一般含有较多的黏土矿物，黏土矿物由于其微粒性，具有表面积大、表面能大等性质，为岩石中较为活跃的矿物成分。软岩与水的作用过程中，表面吸附的催化作用以及黏粒具有较大的表面能造成了易溶性矿物在水里溶解。在岩石与水的相互作用过程中有可能发生以下化学反应：

$$KAl_3Si_3O_{10}+2H^++9H_2O \longrightarrow Al_2Si_3O_8(OH)_4$$
$$+2K^++4H_4SiO_4 \tag{5.13}$$

$$NaAlSi_3O_8+2H^++9H_2O \longrightarrow Al_2Si_3O_8(OH)_4$$
$$+2Na^++4H_4SiO_4 \tag{5.14}$$

反应式（5.13）表明钾长石被溶解后，向高岭石进行转化。反应式（5.14）则表明钠长石与水作用及与水溶液中的离子进行交换作用后，向高岭石进行转化。为了直观表示岩石与水作用后引起的岩石矿物成分变化，对吸水前、吸水后的岩样样品进行电镜扫描试验分析。

图 5.18 为岩样吸水后的扫描电镜图片，其中图 5.18（a）所示样品中的溶蚀孔内为层片状高岭石和有机质，有机质覆盖在高岭石表面，孔壁为钠长石颗粒，孔下方钠长石颗粒已被蚀变为高岭石。如图 5.18(b) 所示，钠长石被溶蚀，溶孔周边见针叶状绿泥石及片丝状伊/蒙混层。

图 5.18　岩样吸水后 SEM 照片

（2）矿物的生成

选取不同岩性的岩样对吸水前后的样品进行电镜扫描试验，试验结果如图 5.19 所示，为各岩样吸水前后的电镜扫描图片。如图 5.19(a) 所示样品与水作用后，孔隙周边见少量自生方解石晶体；由图 5.19(b) 可以看出：岩样与水作用后，颗粒表面有较多自生方解石晶体微粒生成；图 5.19(c) 表明岩样与水作用后，黏土矿物绿泥石周边颗粒表面有大量自生方解石晶体生成；通过对比图 5.19(d) 所示样品吸水前后的电镜扫描图片，可以看出：中砂岩与水作用后，粒间孔隙或泥质间微孔隙周边有较多自生方解石晶体微粒生成；图 5.19(e) 表明粉砂岩与水作用后，粒间孔隙周边有较多自生方解石晶体微粒生成；图 5.19(f) 则表明泥岩与水作用后，原有的大块状方解石颗粒表面和方解石晶间孔隙周边的颗粒表面上有大量自生方解石晶体微粒生成。可见，岩样与水的相互作用过程中产生了新的矿物方解石。

　　综上可知，岩样吸水后产生了矿物溶蚀及矿物生成现象，而正是由于矿物溶蚀和新矿物的生成作用，使得黏土间及黏土与颗粒间的联结力被削弱。

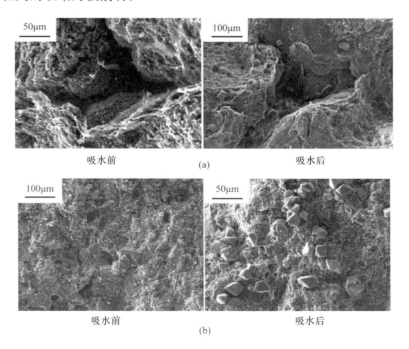

图 5.19　岩样吸水前后的 SEM 图像对比（一）

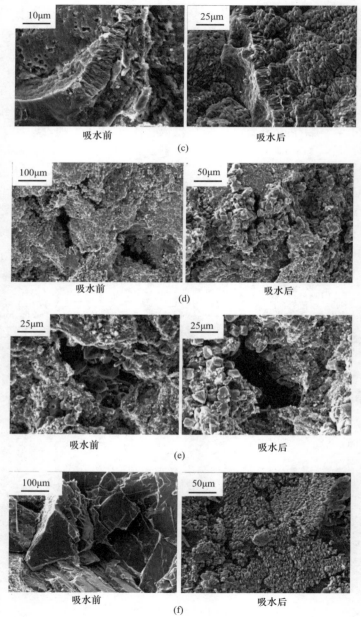

图 5.19　岩样吸水前后的 SEM 图像对比（二）

目前，主要通过 X 射线衍射分析试验得知某岩样中矿物成分的具体含量。X 射线衍射分析试验原理是根据流体力学中的斯托克斯沉降定理，采用水悬浮分离方法或离心分离方法分别提取粒径小于 $10\mu m$ 和小于 $2\mu m$ 的黏土矿物样品。粒径小于 $10\mu m$ 的黏土矿物样品用于测定黏土矿物在原岩中的总相对含量；粒径小于 $2\mu m$ 的黏土矿物样品用于测定各种黏土矿物各类的相对含量。矿物的晶体都具有特定的 X 射线衍射图谱，图谱中的特征峰强度与样品中该矿物的含量呈正相关，采用试验的方式可以确定某矿物的含量与其特征衍射峰强度之间的正相关关系——K 值，进而通过测量未知样品中该矿物的特征峰强度而求出该矿物的含量，这就是 X 射线衍射定量分析中的"K 值法"。

以某红层软岩为例，通过 X 射线衍射测得其吸水前矿物成分及含量如表 5.9 所示。由表 5.9 可看出，岩样中的黏土矿物成分以蒙脱石为主，伊利石和绿泥石次之。其中，蒙脱石属于单斜晶体，由两层硅氧四面体片夹一层铝（或者镁）氧八面体片构成，晶层间引力以分子间力为主，引力弱，晶层间距 $C=0.96\sim4.0nm$；伊利石的晶体也属于单斜晶系，由两层硅氧四面体片夹一层铝氧八面体片构成，也属于 2:1 型结构单元层，晶层间引力以静电力为主，引力较强，晶层间距 $C=1nm$。岩样中的石英、长石、方解石和白云石等粗颗粒矿物，与黏土矿物混合粘结在一起形成了矿物颗粒骨架。在饱水过程中，水分子容易渗入到黏土矿物颗粒之间，形成极化的水分子层，颗粒间的泥质胶结逐渐溶解破坏。蒙脱石、伊利石等黏土矿物亲水性较强，矿物颗粒较小，而且蒙脱石和伊利石晶体结构在 C 轴方向的联结力较小。由于水分子是一种极性分子，在饱水过程中，很容易侵入到晶体结构的层间域中，形成水化膜，导致晶层间距沿 C 轴方向大大增加，进而使得蒙脱石和伊利石矿物大幅度膨胀，研究表明：蒙脱石饱水状态下的膨胀量为 $30\%\sim40\%$。伊利石为 $50\%\sim60\%$。由于其膨胀变形往往是不均匀的，局部应力集中明显，从而产生大量的微观裂纹、孔隙，最终导致黏土矿物颗粒的分解。

成分	蒙脱石	绿泥石	伊利石	石英	长石	方解石	白云石
含量（%）	13.17	3.22	4.61	43.24	24.91	9.08	1.76

5.3　吸水劣化机理

软岩吸水失稳机理比较复杂，然而综合现有的研究基本可知：软岩在水环境作用下的失稳是因为水对岩石产生的力学作用、化学作用和物理作用使得岩石内部微观结构发生变化，从而导致岩石发生变形失稳。有些学者对不含蒙脱石的华北中生代煤系地层的泥岩进行了研究，通过分析其遇水软化过程中微观结构随时间变化的动态特征，得出泥岩中的矿物颗粒在水的作用下，颗粒间的联结将逐渐破坏，使水分进入层状颗粒之间，从而在岩石内部产生不均匀内应力以及大量的微孔隙。这些微孔隙的出现破坏了岩石的内部结构体系，从而使泥岩在宏观上产生软化崩解的现象。因此，软岩吸水失稳与是否含蒙脱石等膨胀性极强的黏土矿物并无直接关系。此外，有学者从损伤力学角度出发来研究二者相互作用机理，部分学者首次运用损伤力学理论分析了水对岩石强度和变形的影响，证明损伤力学理论能较好地反映岩石遇水损伤特征。综合多方面的研究来看，随着对软岩吸水失稳的研究越来越多，形成的理论也越来越完善，因此对软岩吸水失稳机理的探索会更加容易，这对于解决工程实际问题有重大意义。

软岩的软化主要是由于黏土矿物吸水膨胀与崩解机制、离子交换吸附作用、易溶性矿物溶解与矿物生成、软岩与水作用的微观力学作用机制、软岩软化的非线性化学动力学机制的综合作用造成的。分析认为，黏土矿物吸水膨胀与崩解机制、离子交换吸附机制及软岩与水相互作用的微观力学作用机制在该类软岩软化中起主导作用，而软岩软化的非线性动力学机制是软岩软化定量研究的重要方向之一。

5.3.1　结构扰动引起软岩吸水崩解

岩体在未受扰动时是完整致密的，对黏土岩类来说，是不透水的。在天然状态下，埋藏于地下的岩体内是不会产生泥化或崩解的。已有的有关黏土岩的泥化研究资料表明，泥化物的天然含水率，重度，或干密度都与相邻的具有同样物质组成的未泥化物明显不同：含水率高，重度、干密度小，且都处于岩体受地质构造运动造成的破裂面或错动带上，充分说明构造运动造成的破裂结构对软岩吸水泥化的重要性。

对于煤矿巷道来说，其所穿越的地层大部分为沉积岩地层，尤其当这些地层为中生代或新生代含有膨胀性矿物的黏土类岩石（泥岩、页岩）时，水对岩石的作用及其对巷道维护的影响十分突出。当巷道采用传统框架式结构支架进行支护时，由于支护结构无法解除水对岩石的作用与影响，巷道掘出后，围岩完整性下降、强度降低的崩解软化特征非常明显，巷道累计变形量常常高达几十甚至几百厘米，支护结构经常遭受严重的破坏。而在同样条件下，采用锚喷网或注浆加固等手段来维护巷道时，由于喷层和注浆浆液部分或全部解除了水对岩石的作用与影响，降低了围岩的崩解软化程度，巷道的变形和维护状况往往得到明显的改观。

5.3.2　黏土矿物吸水膨胀与崩解机制

工程环境中的软岩一般都含有黏土矿物，当这类软岩遇水时就会发生吸水膨胀、崩解作用。由于高岭石、伊利石等黏土矿物颗粒较小，亲水性很强，与水相互作用时，水分子进入层状黏土矿物颗粒之间，在其间形成极化的水分子层，这些水分子层又可以不断吸水扩层；同时，水分子进入黏土矿物晶胞层间，形成矿物内部层间水层。相对而言，水分子进入粒间空隙比进入各颗粒的层间可能更容易些，前者造成了黏土矿物的外部膨胀，后者造成了内部膨胀。已有的研究表明：伊利石与水发生物理化学反应引起软岩膨胀，可使原体积增加 $50\% \sim 60\%$。

黏土矿物崩解岩样浸水后黏土颗粒可吸收大量水分，使晶胞间距增大或扩散层增厚，黏土胶结物崩解，而碎屑颗粒之间失去联结造成重力解体；另外由于黏土矿物吸水膨胀是不均匀的，使得岩石内部产生不均匀的应力，从而产生大量的微孔隙，这些微孔隙的出现破坏了天然岩样的内部结构体系，最终导致岩石颗粒的碎裂解体。

显然，岩石的膨胀、崩解性受黏土矿物含量及类型、胶结物类型及固结程度等因素的综合影响。膨胀性强的黏土矿物含量越大，其膨胀、崩解性就越明显；泥质胶结的软岩比钙质、硅质胶结的软岩膨胀、崩解性更强。

5.3.3 离子交换吸附作用造成的影响

在软岩饱水试验中，软岩与水相互作用的初期，水岩化学作用主要表现为离子吸附，其实，这个过程应该是水岩之间的离子交换吸附过程，只是因为矿物交换到水溶液中的离子没有很快扩散开来，所以水溶液化学成分分析结果显示出离子浓度有较大的降幅。已有的研究表明，非静水应力作用下固体颗粒间存在流体薄膜，由于异常薄的厚度而具有异常强的表面作用力，使之足以传递正应力和承受大的偏应力。由此可推测在软岩与水相互作用的初期，矿物交换到水溶液中的离子被约束在这层薄膜中，导致这阶段水溶液的离子浓度发生较大幅度的下降；随着交换吸附作用和矿物溶解作用的发展，薄膜中离子浓度越来越高，离子才逐渐释放出来。此外，通过前述饱水软岩力学试验，反映出在软岩与水相互作用的初期软岩力学强度降低的幅度最大。因此，可以认为离子交换吸附作用是导致软岩遇水软化的机制之一。

离子交换吸附作用导致软岩力学性质下降的过程如图 5.20 所示，其机制分析如下所

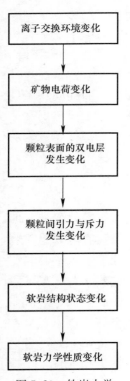

图 5.20 软岩力学性质下降过程

述。首先，离子交换吸附能量的来源有 3 个途径：

（1）同晶置换

硅氧四面体晶片中 Al^{3+} 置换 Si^{4+} 和四面体晶片中 Mg^{2+} 置换 Al^{3+} 是常见的，这种置换导致解理面上带负电荷而吸附阳离子。

（2）断键

断键常存在于黏土颗粒的边缘或非解理面上，这种作用随着黏土颗粒不断减少而增加，断键一侧带负电，另一侧带正电，这都将使交换能力增加。

（3）暴露氢氧基的氢交换

黏土颗粒表面和边缘有可能暴露出羟基，它具有分解的趋势，并受到 pH 值的强烈影响，pH 值越高，H^+ 进入溶液的趋势越大，颗粒的有效负电荷就越大。

其次，水岩间的离子交换吸附反应过程受软岩的矿物成分、结构紧密程度及溶液的化学成分、浓度、pH 值等众多因素的影响。在与外界无能量或很少能量交换的环境下，黏土所吸附的阳离子总电荷不变，诸多离子的交换与吸附即在此条件下进行，水与黏土矿物间的离子交换将达到平衡状态。环境水化学的变化将破坏其平衡，使离子在短时间内迅速扩散并发生离子交换与吸附，软岩的结构也随之发生变化。

此外，黏土矿物成分控制着黏土颗粒的大小、形状和表面特征，这些特征以及黏土与液相的相互作用决定了软岩的塑性、膨胀、压缩、强度和水的传导性等性状。黏土矿物的交换能力并不是一个定值，它取决于成分和环境因素。环境水化学的变化使黏土矿物因同晶置换产生剩余的负电荷，晶层间的不饱和负电荷使黏土颗粒具有较强的表面特性，通过如 K^+，Na^+，Ca^{2+} 等离子平衡剩余的负电荷，影响着双电层的变化，致使颗粒间的吸力与斥力发生变化，从而影响土的物理力学性质和物理化学性质。

5.3.4　易溶性矿物溶解与矿物生成

水岩接触界面存在一层薄膜，可以吸附水溶液反应物分子或离子，使薄膜中的反应物分子（离子）浓度高于薄膜之外。这种

软岩与水相互作用及吸水软化效应

吸附作用被称为表面吸附，有物理吸附和化学吸附 2 种类型。物理吸附是分子间的力，即范德华力引起的，没有新的化学键形成，被吸附的分子结构变化不大，吸附的速度较快，几乎不需要活化能，吸附热较低，一般为 $8.368 \sim 25.100 \mathrm{kJ/mol}$。化学吸附时会形成吸附化学键，组成表面活化络合物。化学吸附需要活化能，其化学吸附热较高，通常大于 $83.720 \mathrm{kJ/mol}$，存在表面吸附的化学反应的活化能为：

$$E_a = E - Q_A \tag{5.15}$$

式中，E 为反应的真实活化能；E_a 为吸附影响下的表现反应活化能；Q_A 为吸附热。

由式（5.15）可知，表面吸附特别是化学吸附降低了反应的活化能，起到了催化反应的作用。软岩一般含有较多的黏土矿物，其表面积大，表面能大，为较为活动的部分。表面吸附的催化作用和黏粒表面能大的特性是软岩在自然条件下易溶性矿物溶解的前提条件。

水溶液中活动性强的离子，如 Na^+，Ca^{2+}，K^+，Cl^-，SO_4^{2-} 等离子的变化幅度较大。因此，可以推断软岩与水相互作用过程中发生了矿物的溶蚀作用和矿物的次生作用，可能发生的化学反应为：

（白云母晶体转化为微斜长石晶体）

$$KAl_3Si_3O_{10}(OH)_2 + 6SiO_2 + 2K^+ = KAlSi_3O_8 + 2H^+ \tag{5.16}$$

（白云母晶体转化为钠长石晶体）

$$KAl_3Si_3O_{10}(OH)_2 + 6SiO_2 + 3Na^+ = 3NaAlSi_3O_8 + 2H^+ + K^+ \tag{5.17}$$

（钾长石的溶解和高岭石的形成）

$$2KAl_3Si_3O_8 + 2H^+ + 9H_2O = Al_2Si_3O_8(OH)_4 + 2K^+ + 4H_4 \tag{5.18}$$

（钠长石与水作用及离子交换作用形成高岭石）

$$2NaAlSi_3O_8 + 2H^+ + 9H_2O$$
$$= Al_2Si_2O_5(OH)_4 + 2Na^+ + 4H_4SiO_4 \tag{5.19}$$

上述反应中 H^+ 的析出使试验过程中水溶液的 pH 值下降，而微酸环境的形成则有利于高岭石的形成。对软岩进行 X 射线衍射的测试结果可反映出高岭石的生成，虽然衍射峰值的强弱可能会因为衍射角度的不同而有一定的误差范围，但高岭石的特征强度峰值随饱水时间的增长而增强的规律是非常明显的，因此可以认为这种现象与软岩中高岭石矿物的次生作用有关。

参 考 文 献

［1］ 李洪志，何满潮. 膨胀型软岩力学化学性质研究［J］. 煤，1995（6）：9-12.

［2］ 黄宏伟，车平. 泥岩遇水软化微观机制研究［J］. 同济大学学报（自然科学版），2007，35（7）：866-870.

［3］ 杨魁，李贞. 蒙脱石吸水膨胀结构特征分析［J］. 硅酸盐通报，2010，29（5）：1154-1158.

［4］ 周翠英，张乐民. 软岩与水相互作用的非线性动力学过程分析［J］. 岩石力学与工程学报，2005，24（22）：4036-4042.

［5］ ZHOU C Y，ZHANG L M. Analysis of the nonlinear dynamic process of the interaction between soft rock and water［J］. Chinese Journal of Rock Mechanics and Engineering，2005，24（22）：4036-4042.

［6］ 周翠英，邓毅梅，谭祥韶，等. 饱水软岩力学性质软化的试验研究与应用［J］. 岩石力学与工程学报，2005，24（1）：33-38.

［7］ ZHOU C Y，DENG Y M，TAN X S，et al. Experimental research on the softening of mechanical properties o saturated soft rocks andapplication［J］. Chinese Journal of Rock Mechanics and Engineering，2005，24（1）：33-38.

［8］ WALKDEN M J A，HALL J W. A predictive Mesoscale model of the erosion and profile development of soft rock shores［J］. Coastal Engineering，2005，52（6）：535-563.

［9］ YILMAZ I. Influence of water content on the strength and deformability of gypsum［J］. International Journal of Rock Mechanics and Mining Sciences，2010，47（2）：342-347.

［10］ 黄宏伟，车平. 泥岩遇水软化微观机理研究［J］. 同济大学学报（自然科学版），2007，35（7）：866-870.

［11］ 康红普. 水对岩石的损伤［J］. 水文地质工程地质，1994（3）：39-41.

［12］ 周翠英，谭祥韶，邓毅梅，等. 特殊软岩软化的微观机制研究［J］. 岩石力学与工程学报，2005（3）：394-400.

［13］ 戴广秀，凌泽民，石秀峰，等. 葛洲坝水利枢纽坝基红层内软弱夹层

及其泥化层的某些工程地质性质［J］. 地质学报，1979（2）：153-166＋170.

［14］ 王幼麟. 葛洲坝泥化夹层成因及性状的物理化学探讨［J］. 水文地质工程地质，1980（4）：1-7.

［15］ 郑少河，朱维申. 裂隙岩体渗流损伤耦合模型的理论分析［J］. 岩石力学与工程学报，2001（2）：156-159.

［16］ 谭凯旋，张哲儒，王中刚. 矿物溶解的表面化学动力学机制［J］. 矿物学报，1994，14（3）：207-217.

［17］ 刘亮明，吴延之. 变质岩中分散元素活化成矿过程中的力学-化学相互作用［J］. 地质科技情报，1994，13（4）：59-64.